Alexandra Grunow
Rovena Langkau
Udo Gansloßer

Mantrailing

Mit Basic-, Sport- und TheraTrailing

KOSMOS

Alexandra mit Bloodhound Hitchcock.

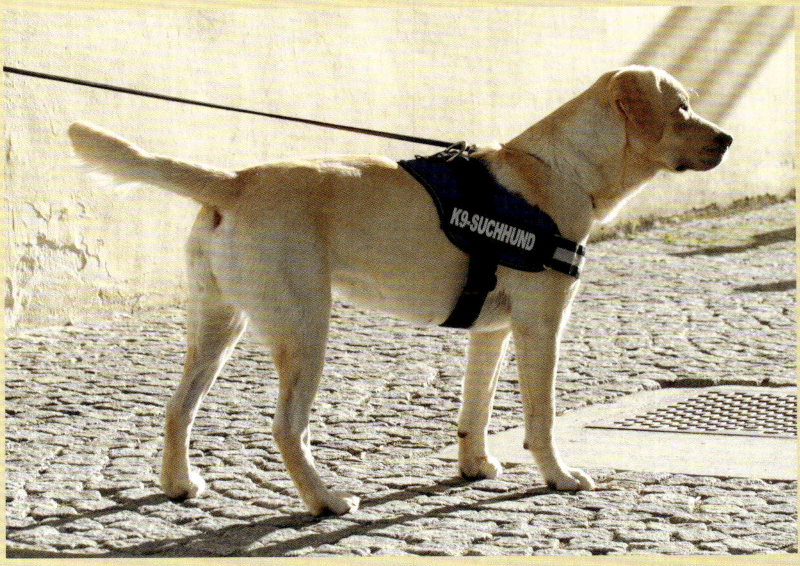

Zum Geleit

Dinge ändern sich

Die Entwicklung des Menschen vom einfachen Sammler zum koordiniert handelnden Jäger wäre ohne die Domestikation des Wolfes (*Canis lupus*) und einer gemeinsamen Co-Evolution mit dem Hund (*Canis lupus familiaris*) kaum vorstellbar. Davon sind mittlerweile viele namhafte Wissenschaftler überzeugt. Die Symbiose Mensch–Hund fußt auf einem engen Beziehungsgeflecht, mit beachtlichen Vorteilen für beide Seiten. Dies gilt sowohl für eine verhaltensbiologische Ebene als auch für eine sozio-emotionale Ebene.

Mögen des Hundes biologische Fähigkeiten als Jagdbegleiter, Hüter von Nutzvieh oder territorialer Wächter für den Menschen lange Zeit von vordergründigem Nutzen gewesen sein, so sind es heutzutage eher Dinge wie etwa soziale Nähe bzw. auch gesundheitliche Wohlfühlfaktoren. Die weit verbreitete Meinung, alle Hunde hätten früher eine Arbeitsaufgabe gehabt, ist allerdings falsch, denn sämtliche Schoßhunde der hochherrschaftlichen Damengesellschaft hatten schon vor Jahrhunderten nur einen Job: sozialer Beziehungspartner zu sein! Selbstverständlich soll es unseren Hunden jederzeit gut gehen. „Glücklich" sollen sie sein. Allerdings ist Glück keine Definition, schrieb einst

Prof. Ray Coppinger, denn Drogen machen auch glücklich. Mit anderen Worten: Die Frage, wann ein Hund objektiv betrachtet wirklich glücklich ist, vermag niemand mit absoluter Sicherheit ganz genau zu beantworten.

Der bizarre Wettlauf um die Gunst des Hundes

In Gesprächen mit Hundebesitzern hört man immer wieder, man wolle seinem Vierbeiner „gerne etwas bieten". In enger Abstimmung und im gemeinsamen Handeln versteht sich. Hinzu kommt oftmals persönliche Empörung. Alles scheint sich aufzulösen. Wer es beispielsweise ablehnt, mit seinem Hund zu tanzen, oder keinen genau ausgetüftelten Tagesplan zur hundlichen Bespaßung vorlegen kann, gilt in unserer modernen Gesellschaft unsinnigerweise schnell als „ewig gestrig." „Wir müssen unseren Hunden nur eine neue Richtung geben, dann klappt der Rest schon wie von selbst". Ein hohl tönender Spruch, niemals auch nur in Ansätzen verwirklicht, hallt durch die Hundeszene. Doch jede einseitige Darstellung der Mensch-Hund-Beziehung ist kein Spaß mehr, kein packendes Abenteuer, nein, das ist brandgefährlich. Mensch und Hund kann und sollte man nicht auf den alleinigen Faktor Spaß reduzieren. Zumindest nicht, ohne einhergehende Konsequenzen klar zu benennen: natürlicher Autoritätsverlust des Menschen, Probleme in der Öffentlichkeit mit unerzogenen Vierbeinern. Eine verantwortungsvolle Beziehungswende Mensch-Hund riefe nach einem auf gegenseitigem Verständnis basierenden Bündnis, nicht zu verwechseln mit der vielerorts beliebten Bedienung irgendwelcher Modeströmungen!

Beim ManTrailing muss man sich ganz auf seinen Hund und dessen Fähigkeiten einlassen. Nur er kennt die richtige Spur.

Das Nasenwunder Hund

Was die „Schnüffel-Leistungen" des Hundes betrifft, herrscht insofern Einigkeit darüber, dass uns jeder Vierbeiner weit überlegen ist. Dabei spielt es eine nebensächliche Rolle, ob der einen Rasse über 200 Millionen oder gar mehr Geruchsrezeptoren zur Verfügung stehen, oder vielleicht doch „nur" 180 Millionen. Wie viele es bei meinem eigenen, in der Freilandforschung an Wölfen eingesetzten Laika-Rüden sind, kann ich nicht sagen. Fest steht nur: Timber steckt seine Nase in die Luft und filtert gleichzeitig Relevantes aus einem wahren Wust von Informationen heraus. Timber lebt offensichtlich in einer anderen

„Geruchswelt“ als ich. Das Resultat: Er riecht, sichtet und entdeckt jeden frei lebenden Wolf effektiver und vor allem schneller als jeder Mensch es jemals könnte. Und er freut sich, wenn ich seine Super-Fähigkeiten mit absoluter Begeisterung quittiere. Auf diese Art gestalten wir unseren gemeinsamen Tagesablauf. Leider findet das über jeden Zweifel erhabene „Nasentalent“ Hund seitens des Menschen oftmals kaum Berücksichtigung. Im Gegenteil: Der Hund soll nur dort schnüffeln, wo der Mensch es für angebracht hält. Welch eine Farce!

ManTrailing – eine zeitaufwendige aber lohnende Arbeit

Alexandra Grunow und Rovena Langkau lernte ich erst vor kurzem während eines gemeinsamen Vortragsabends kennen. Anfangs war ich durchaus skeptisch, denn Trainingsangebote für ManTrailer gibt es mittlerweile viele. Doch längst nicht alle, die diese Beschäftigungsform propagieren, haben mich in der Vergangenheit auch beeindruckt – die beiden Frauen schon. Und das gleich aus drei Gründen: Erstens, weil man innerlich sofort spürt, dass sie mit Herz und Verstand bei der Sache sind. Sie leben ManTrailing. Zweitens, weil es ihnen erfreulicherweise egal ist, welcher Rasse oder Mischlingsform ein Hund angehört. Sie interessiert es nicht, ob ein Hund gut oder weniger gut sozialisiert ist, ob er aus dem Tierheim kommt oder ob er eventuell ein „Potential zum Superstar“ hat, mit dem man eine image-fördernde Schau abziehen kann. Drittens, und das ist meiner Ansicht nach das Wichtigste, erklären Alexandra Grunow und Rovena Langkau jedem interessierten Hundehalter, dass ManTrailing unumstößlich einhergehen muss mit wohl durchdachtem Engagement, viel Zeitaufwand und dem Willen zur genauen Beobachtung des hundlichen Ausdrucksverhaltens. Nur unter diesen klar definierten Rahmenbedingungen können Hunde das zeigen, was tatsächlich in ihnen steckt.

Nicht jeder Mensch ist reif für ManTrailing

Wer ManTrailing wirklich ernst nimmt, muss lernen, zurückzustehen, und seinem Vierbeiner Bereitschaft signalisieren, ihm vertrauen zu wollen. Das ist mitunter leichter gesagt als getan. So mancher Hundebesitzer kann es kaum ertragen, seinen Hund einfach machen zu lassen. Doch Trail-Hunde halten das Zepter in der Hand (Pfote), nicht wir Menschen. Die Hunde sind es, die beim ManTrailing ihre begnade-

Günther Bloch mit seinem Laika-Rüden Timber (hier noch im Welpenalter).

ten Geruchsleistungen zur Entfaltung kommen lassen, nicht wir. Das ist gut so, wenngleich uns der Hund bei dieser „gemeinsamen" Arbeit eigene Defizite schonungslos aufzeigt. Demzufolge sollten Menschen mit „Ego-Problemen" lieber ganz auf Mantrailing verzichten. Diese Aussage mag hart erscheinen, ist aber wenigstens ehrlich. Ungefähr da, wo Menschen trotz einiger Anlaufschwierigkeiten bereit sind, sich hundlichen Fähigkeiten ganz bewusst unterzuordnen – da beginnt die Begeisterung für diese verhaltensbiologisch sinnvolle, echte Teamarbeit zwischen Mensch und Hund. Wie man was in der praktischen Arbeit am besten umsetzt, wird in diesem Buch sehr ausführlich und anschaulich beschrieben.

Gewiss: An dieser Stelle darf natürlich die Floskel vom Wunsch zu „einer weiten Verbreitung dieses Werkes" nicht fehlen. Dennoch wünschte ich mir mehr. Einfach Klasse fände ich, wenn möglichst viele Menschen nach dem Lesen ihren inneren Schweinehund überwinden – und ihren Hunden eine Möglichkeit zum aktiven ManTrailing anbieten würden. Was spricht eigentlich gegen eine körperliche und geistige Auslastung von Hund und Mensch?

Günther Bloch
„Bow Valley Wolf Behaviour Study"
Canmore/Canada

Erklärung wichtiger Begriffe und Abkürzungen

Aktivzone (Kreuzung) = äußerer Ring; der HF arbeitet aktiv mit der Leine und achtet auf Temporegulierung.
Anriechen = Hund nimmt Geruch des GA auf.
Ansatz-Negativ = die VP war nicht am Ansatzpunkt und somit führt auch keine Spur weg.
Anzeige der VP = der Hund verweist die VP durch Vorsitzen, Bellen etc.
BlindTrail = das Team trailt ohne Führung. Keiner kennt den Weg.
Differenzierung von Personen = der Hund lernt, aus verschiedenen Personen nur die gesuchte Person anzuzeigen
GA = Geruchsartikel; Gegenstand der VP mit Individualgeruch
GA, kopiert = mithilfe einer Gaze wird z.B. vom Autositz der Geruch „abgenommen" und die Gaze in einer Tüte oder Glas verpackt.
GA, kontaminiert = Vermischung mehrerer Geruchsquellen am GA.
(Geruchs-)Pool = Geruchspartikel sind in höherer Konzentration vorhanden, da sich die Person über längere Zeit an der gleichen Stelle aufhält oder aufgehalten hat. Man unterscheidet zwischen stehendem und gelaufenem Pool (siehe S. 93).
Hartes Negativ = es existiert zwar eine Spur, diese endet jedoch z.B., wenn VP in ein Auto, in den Zug steigt.
HF = Hundeführer
Klassisches „P" = die VP läuft um ein Haus, eine Wiese o.Ä. herum und kreuzt die eigene Spur im rechten Winkel. So entsteht ein „P" (S. 90).
Landkreissucher = der Radius von der Spur weg wird immer größer, die Spurtreue geringer; hervorgerufen durch Überforderung, viele ungeführte Trails oder zu laschem Leinenhandling.
LooP = die VP läuft um ein Haus, eine Wiese o.Ä. herum und kreuzt die eigene Spur in der Verlängerung der weiterführenden Richtung (S. 92).
MotivationsTrail, AbfangTrail = diese Art der Trails ist vor allem bei Hunden, die in Einsätze und Prüfungen gehen oder im Sportbereich häufig „blind" laufen, sehr wichtig. Sie dienen dazu, den Hund wieder „in die Spur" zu bringen, wenn im vorigen Trail für den Hund Konfliktsituationen aufgetreten sind und wirken einer Überforderung entgegen.
One Way = die Person läuft vom Start zum Ziel direkt durch, ohne die Spur zu kreuzen oder sich unterwegs länger an einem Punkt aufzuhal-

ten. Der Trail hat nur eine durchgängige Zeit und beinhaltet keine (beeinflussbaren) Schwierigkeiten.
Passivzone (Kreuzung) = innerer Ring; Zentrum der Kreuzung; der HF achtet nur auf seine Position und lässt dem Hund genug Leine zum Ausarbeiten der Kreuzung.
Point of Release = Übergang von der Aktiv- in die Passivzone einer Kreuzung. Punkt, an dem die Leine rausgelassen wird.
ScentPool = Geruchsüberlagerung
Spurdifferenzierung = eine zweite Person (z.B. der Trail-Leger) kreuzt die Spur der VP. Der Hund muss lernen, die beiden Spuren zu unterscheiden und nur die Spur der VP zu verfolgen.
Steadiness = der Hund leistet seine Arbeit konstant und konzentriert.
Trail-Leger = meist der Trainer, der den Trail legt. Wird auch „Der Wissende" genannt.
VP = Versteckte Person (zuerst bekannte, dann fremde Person, die vom Hund gesucht und gefunden werden muss)
Weiches Negativ = unter der frischesten Spur, die an einem Punkt endet, an dem die VP in ein Transportmittel eingestiegen ist, führt eine ältere Spur der VP weiter.
Wissender = Person (meist der Trainer), die den Trail kennt und zum richtigen Zeitpunkt – für den Hund unauffällig – Hilfestellung leisten kann.

Der Weg zum ersten Trail

Unterschiedliche Trail-Formen

ManTrailing – ist Leidenschaft, weckt Emotionen, schafft Vertrauen, verändert die Mensch-Hund-Beziehung.

ManTrailing ist Erziehung, Sport, Therapieunterstützung und kann Menschenleben retten. Aber nur, wenn man es richtig macht. Denn durch falsche Ausbildungswege und Überforderung können negative Eigenschaften auch verstärkt werden. Trailen soll sich aber nachhaltig positiv auf den Hund und seinen Menschen auswirken und Glückshormone bei beiden freisetzen.

Trailen ist Leidenschaft

Wir wollen mit diesem Buch Ausbildungswege im Basic-, Sport-, Thera- und ManTrailing-Bereich aufzeigen, die individuell auf jeden Hund und Menschen abgestimmt sind. Entscheidender Faktor in der Auswahl der Trail-Technik ist die jeweilige Umgebung, denn im Street-, Cross- und IndoorTrailen (siehe S. 19) sind unterschiedliche Techniken zur Leinenführung nötig. Uns ist es wichtig, dass jeder Hund, egal ob Rassehund oder Mischling und egal wie talentiert oder nicht, eine Chance bekommt, seine Fähigkeiten optimal auszubilden und durch eine auf ihn zugeschnittene Förderung ein höheres Leistungsniveau zu erreichen. In erster Linie geht es uns um die artgerechte Auslastung und den Spaß an der Sache. Trailen ist Leidenschaft und ein Lebensgefühl. Es kann mehr bedeuten als nur Arbeit mit dem Hund. Es verändert die Sicht auf Dinge. Hier geht es um Selbsterfahrung, Durchsetzungs- und Nervenstärke, Emotionen und Teamarbeit.

TheraTrailing

Es ist, wie in allen anderen Bereichen der Hundeausbildung, besonders wichtig, einen guten, zertifizierten Trainer mit langjährigem und fundiertem Wissen aus der Praxis zu finden, um Thera-Trailen als Mittel zur Therapieunterstützung einsetzen zu können.

Neue Wege in der Beziehungsarbeit

Über viele Jahre hatten wir das Glück, eine große Bandbreite an Hunden mit den unterschiedlichsten Problemen beobachten, analysieren und gezielt trainieren zu dürfen. Immer mehr sogenannte „Themen- bzw. Korrekturhunde“ fanden den Weg in unsere Suchhundezentren. Besondere Erfolge konnten mit speziellen Ausbildungswegen bei unsicheren, ängstlichen, hyperaktiven, aggressiven und jagdlich ambitionierten Hunden erzielt werden – natürlich mit Grenzen. Einen neuen Weg sind wir vor allem mit „Secondhand-Hunden“ aus dem Tierschutz und Straßenhunden aus dem Ausland gegangen.

Jagdhund-Mix-Hündin „Kia“ trailt am Lech in Landsberg.

Mit lang vorgestrecktem Hals und der Nase im Wind, sucht Rusty die „Vermisste Person".

Mit spezieller Sucharbeit konnte das Vertrauen in den Menschen aufgebaut und damit eine Beziehung in kürzester Zeit geschaffen werden. Durch die besondere Beschäftigung mit der Nase konnten die Hunde, auch wenn sie beim täglichen Spaziergang noch an der Leine laufen müssen, individuell abgestimmt ausgelastet werden. Sie öffneten sich dem neuen Hundehalter auch im Außenbereich trotz Ablenkung und wurden zugänglich für die formelle Erziehung.

Trailen als Eisbrecher

Trailen kann den Menschen im Umgang mit seinem Hund selbstsicherer werden lassen und einen unsicheren Hund selbstbewusster machen. Die Beobachtungsgabe des Hundeführers wird geschärft und die Beziehung zwischen Mensch und Hund verändert sich positiv. Damit werden auch unzugängliche Hunde durchlässig für Trainingsmöglichkeiten. Trailen ist ein Eisbrecher. Man taucht mit dem Hund in eine Geruchswelt ein, die bis dato verschlossen geblieben ist. Trailen fasziniert und gibt ein völlig neues Vertrauensgefühl in den eigenen Hund, denn dieser arbeitet im Auftrag seines Menschen durch die Geruchseingabe und führt dann Hunderte von Metern oder gar Kilometern weit zu der gewünschten Zielperson. Ein unglaublicher Glücksmoment, seinen Hund bei dieser Arbeit zu erleben. Gemeinsam werden Abenteuer gemeistert, die das Team auf eine ganz besondere Art zusammenschweißen.

Die Entwicklung der Ausbildungswege

Von unschätzbarem Vorteil war bei der Entwicklung der individuell ausgerichteten Ausbildungswege die große Anzahl an unterschiedlichen Menschen- und Hundetypen. Wir stellten fest, dass der Hund durchaus in seiner Körpersprache durch den für ihn passenden Trail geformt und für seinen Menschen lesbar gemacht werden kann. Der Irrtum, man müsse sich bei der Suche hinten an der Leine total passiv verhalten, um den Hund nicht zu stören, ist mit den Erfolgen der trainierten Hunde klar zu widerlegen. Die Leinenführung auf dem Trail beeinflusst mit der Körperspannung des Hundeführers auch maßgeblich die Motivation des Hundes, nach vorne zu arbeiten. Unter Beobachtung standen auch einige Hunde, die bereits mehrere Jahre trailten, ohne besonderes Formen der Körpersprache ausgebildet

Gefunden!

wurden und für die jeweiligen Besitzer auf dem Trail nicht lesbar waren. Die Nicht-Lesbarkeit des Hundes ist eines der Hauptprobleme, zu denen wir auf Seminaren befragt werden. Meist verhalten sich die Hundeführer hinten zu passiv, da sie die (ansatzweise vorhandenen) Signale des Hundes nicht als solche erkennen. Natürlich sollte nicht im Voraus aktiv ins Suchverhalten des Hundes eingegriffen werden, doch muss man ihn wie in allen Bereichen der Hundearbeit erstmal „an die Hand“ nehmen und ihm sozusagen erklären, was genau von ihm verlangt wird. Der Hundeführer kann als ein Hilfsmittel angesehen werden, das langsam und systematisch abgebaut wird, wenn die Grundausbildung abgeschlossen ist. Der Hund nimmt uns in den späteren Ausbildungsstufen nur am Rande wahr und geht eigenständig seinen Weg. Er hat seine Suchtechnik entwickelt und gelernt, schwierige Aufgaben zu lösen und nicht in Hektik oder Unsicherheit zu verfallen, wenn er etwas nicht sofort lösen kann. Demnach ist Trailen Teamarbeit und auch der beste Hund benötigt ab und zu Hilfe.

Mehr Selbstbewusstsein

Trailen findet in unterschiedlichen Formen seine Anwendung. Jedes Mensch-Hund-Team kann seinen Bereich finden. Es ist in jedem Fall ein sehr guter Weg zu mehr Selbstbewusstsein und einer gesunden Beziehung zwischen Mensch und Hund.

Rettungshundeführer mit starken Nerven

Hunde und ihre Menschen, die besondere Leistung zeigen und zudem nervenstark sind, können auch im Profibereich arbeiten und in die Rettungshundearbeit einsteigen. Wir kommen ursprünglich aus diesem Bereich und gehen seit vielen Jahren ehrenamtlich mit dem Verein „Mantrailer und Rettungshunde Starnberg e.V.“ für die Polizeipräsidien

Der Einsatz in einer Rettungshundestaffel erfordert viel Zeit und Engagement.

München und Oberbayern an die 80 Mal pro Jahr mit unseren ManTrailern in den Einsatz. Somit bringen wir Erfahrung in Sachen Einsatzanforderungen und auch Einsatztaktik mit. Unser Anspruch an einen einsatzfähigen ManTrailer ist sehr hoch. Für diesen Bereich setzen wir überdurchschnittliches Engagement, Professionalität, Selbstreflektion und gesunden Ehrgeiz voraus. Denn ein zu hoher Anspruch kann den Hund überfordern und spätestens nach ein paar Jahren in der Tat zum „burn out" des Tieres führen. Unsicherheiten auf dem Trail, Motivationsprobleme und Rückorientierung zum Hundeführer sind die Folge.

Einsatznahe Prüfung

Wir trennen die Bereiche Basic-, Thera- und SportTrailing, um die es in diesem Buch vorrangig gehen soll, von dem Bereich der Rettungshundearbeit sehr genau. Nur diesen Sektor der Rettungshundearbeit nennen wir ManTrailing, um ihn auch ganz klar abzugrenzen. Dieser Bereich sollte in allen Ländern (und in Deutschland bundesweit) strengen und einsatzrelevanten Prüfungsrichtlinien unterliegen. Die Leistungsteams müssten sich regelmäßig unter Beweis stellen und sollten durch verschiedene Aufgaben im Rahmen einer Prüfung gefordert werden. Das Prüfungsniveau muss hoch und einheitlich sein, denn die Anforderung an Hund und Hundeführer im Einsatz ist es auch. Nur klare Aussagen der Einsatzteams können die Polizei unterstützen und zum Erfolg führen. Ebenso qualifiziert und einsatzerfahren im ManTrailing müssen die Prüfer sein, wenn die Prüfung fair und valide sein soll. Jeder, der sich diesen hohen Anforderungen stellen will, muss sich der Verantwortung bewusst und selbstkritisch genug sein. Vor allem Hunden, die unter einer starken Einsatzbelastung stehen, müssen immer wieder ausreichend Ruhephasen zugestanden werden. Korrektur- und Motivations-Trails sollten den Hund abfangen und auf die neuen Herausforderungen in Ruhe vorbereiten. Wir haben leider viele gute Hunde gesehen, die in wenigen Jahren „verheizt" wurden. Dem sollte vorgebeugt werden, denn das Wohl des Hundes steht immer an erster Stelle. Nur dann kann der Hund auch Höchstleistungen vollbringen. Intrinsische Motivation ist die Voraussetzung für erfolgreiches Trailen. Überforderung hemmt diese und kann sich durch Zittern des Hundes am Start, Schuppen des Fells, hektische Bewegungen, In-die-Leine-Beißen, kein freiwilliges Annehmen des GAs, Bellen etc. äußern.

Was versteht man unter Trailen?

Hiermit bezeichnet man die Suche des Hundes nach dem Individualgeruch eines vermissten Menschen und es hat seinen Ursprung in der Rettungs- und Polizeihundearbeit in Belgien, England und den USA. Beim ManTrailing verfolgt der Hund im Geschirr und an einer zwischen fünf und zehn Meter langen Leine nach Gabe eines Geruchsartikels ein Gemisch aus bakteriellen, hormonellen und chemischen Abbauprodukten, Duftdrüsensekreten u.v.m. Das ist auch über viele Hunderte von Metern, die eine Person in einem Wald oder auch in einem belebten Stadtgebiet gelaufen ist, noch nach Stunden möglich. Trailen an sich ist nicht nur etwas für Rettungshunde oder ausschließlich eine artgerechte Beschäftigung und Denksport für besonders aktive Jagd- oder Hütehunde. Es kann auch eine unterstützende Erziehungsergänzung sein, die beim Training unsicheren Hunden hilft, eigenständig Problemlösungen zu finden und dabei Unsicherheit mit der Zeit abzubauen. Wir unterscheiden verschiedene Trail-Kategorien mit unterschiedlichen Anforderungen an Hund und Hundeführer sowie Ausbildungszielen (siehe S. 19). Ebenso variiert die Ausbildung des Trail-Trainers in den verschiedenen Bereichen.

Trail-Trainer

Vor einer Ausbildung zum Trail-Trainer sollte man sich genau informieren, wie viel Erfahrung der Anbieter selbst in diesem Bereich hat. Gerade das Thera- und ManTrailen gehört in professionelle Hände und die Anforderungen an den Trainer sind sehr hoch.

1

2

3

4

Trailen in der Leistungsklasse

Wer Trailen nicht „nur“ als Beschäftigung mit seinem Hund ausüben möchte, sondern auch Freude an sportlichen Herausforderungen hat, für den ist das Sport-Trailing geeignet. Man unterscheidet drei Sparten (siehe Tabelle). Wer das klassische ManTrailing ausüben möchte, muss sich einer Rettungshundestaffel anschließen.

1 *StreetTtrailen*

2 *IndoorTrailen*

3 *CrossTrailen*

4 *Klassisches ManTrailen*

Trail-Form	Beschreibung	Gut zu wissen
Trailen als Beschäftigung		
BasicTrailing (Grundstufen: Weiß bis Grün)	BasicTrailing bildet die Basisausbildung für alle Trailer und eignet sich als Beschäftigungsform und Auslastungsmöglichkeit für diejenigen, die nicht weiterführend in den Hundesport oder Profibereich wechseln möchten. Nach Wunsch mit Teilnahme an Events (Trail-Tage etc.)	• BT ist sinnvoll für jeden Hund. Auch ältere Hunde oder Hunde mit Handicap • Keine besonderen Anforderungen • Anforderung an den Trainer: mittel; Basisausbildung
AdventureTrailing	AdventureTrailing fördert die gute Beziehung zwischen Mensch und Hund, da sich beide aufeinander verlassen müssen und der Hundehalter seinen Hund in Extremsituationen einschätzen lernt. Wer beim BasicTrailing nicht auf Abenteuer verzichten will, für den ist das AdventureTrailing genau richtig. Es locken Trail-Wochenenden in den Bergen, Gondel-Trails und andere spannende Aufgaben. Das AdventureTrailing wird mit dem Cross – dem Trailen im Wald, über Wiesen, durch Bachläufe, über Baumstämme und Felsen etc. – kombiniert.	• AdventureTrailing ist nur für gesunde Teams mit Ausdauer sinnvoll • An das Team werden hohe Anforderungen gestellt • Fun-Faktor sehr hoch
Trailen in der Leistungsklasse		
SportTrailing (Leistungsstufen: Grün und Blau)	Als Hundesport mit Prüfungssystem und Meisterschaften. Es gibt drei Sparten: Street: Getrailt wird im Stadtgebiet, mehrheitlich auf Asphalt. Diese Form stellt hohe technische Ansprüche an das Team. Cross: Die Trails im Umland führen durch lichten Wald, über Wiesen, durch oder über Bachläufe, über Baumstämme und auf Felsen etc. Auf Schonzeiten der Wildtiere im Wald achten, auf Wegen bleiben, keine Wiesen mit hohem Gras betreten Indoor: Das Trailen findet in Gebäuden oder Hallen statt (vorher wird eine Genehmigung eingeholt)	• Anforderung an das Team: hoch • Anforderung an den Trainer: hoch; Zusatzausbildung
ManTrailing (Profistufen: Rot und Schwarz)	ManTrailing ist nur in Kombination mit einer aktiven Mitgliedschaft als ausgebildeter Suchgruppenhelfer in einer Rettungshundestaffel möglich. Verantwortungsvolle Hundeführer gehen nur mit einer bestandenen Einsatzfähigkeitsprüfung (beispielsweise Rot und Schwarz nach K-9 Richtlinie oder einer PO der Hilfsorganisationen) in den Einsatz.	• Sinnvoll nur für gesunde Teams mit Ausdauer; sehr zeitintensiv • Anforderung an das Team: sehr hoch • Anforderung an den Trainer: sehr hoch; Zusatzausbildung
Trailen als Therapieunterstützung		
TheraTrailing	Es eignet sich sehr gut als Therapieunterstützung bei der Arbeit mit ängstlichen Hunden oder Hunden mit anderen auffälligen Verhaltensmustern. Um das TheraTrailing anbieten zu können, hat der Trainer eine entsprechende Zusatzausbildung absolviert.	• Sinnvoll für Hunde, die auffällige Verhaltensweisen wie Unsicherheit, Angst oder Aggression zeigen oder sich schlecht an den Menschen binden. • Keine besonderen Anforderungen • Anforderung an den Trainer: sehr hoch; Zusatzausbildung

Vorbereitung des Trainings

Nahezu jeder Hund kann trailen! Möchte man in Richtung Einsatzfähigkeit trainieren, müssen Hund und Hundeführer allerdings gewisse Kriterien erfüllen. Gesundheit, Ausdauer, psychische und physische Belastbarkeit sind hierbei unbedingt nötig. Zudem eignen sich für den Profibereich manche Rassen mehr als andere. Auf die rassetypischen Unterschiede in der Suchweise (Körpersprache, Ausdauer, Motivation, etc.) gehen wir später noch näher ein (siehe S. 70 ff.).

Rüde oder Hündin?

Jeder Hundeführer hat hier seine Vorlieben, sowohl Rüde als auch Hündin haben Vor- und Nachteile, beide können Bestleistung bringen, wenn sie dementsprechend trainiert werden.

Zwei Irrtümer, die das Trailen betreffen

1. Der Hund lernt, an der Leine zu ziehen.

Der Hund lernt, dass er bei der SUCHE, wenn er sein Trail-Geschirr an hat, an der Leine ziehen darf. Ein Hund, der von Welpe an gelernt hat, nicht am Halsband zu ziehen, kann das sehr gut unterscheiden. Wird der Hund im Alltag auch an einem Geschirr geführt, sollte sich dieses deutlich in der Passform von dem Suchgeschirr unterscheiden.

2. Der Hund fängt durch das Trailen an zu jagen.

Im Gegenteil. Durch die Auslastung der Nase ist der Hund im Alltag entspannter und sieht beim Spazierengehen nicht die Notwendigkeit, sich durch Jagen anderweitig zu beschäftigen. Zudem wird die Bindung zum Hundeführer stärker, sodass der Hund gerne freiwillig in seiner Nähe bleibt.

Die richtige Belohnung

Nach der Suche sollte die Belohnung für den Hund nahrhaft sein. Würstchen sind bei regelmäßigem Training auf Dauer nicht zu empfehlen. Ebenso wenig eignet sich Trockenfutter, da die Sucharbeit sehr anstrengend ist, die Körpertemperatur steigt und die Schleimhäute austrocknen. Auch ein Marathonläufer würde nach seinem Lauf wahrscheinlich keinen trockenen Keks essen. Am besten eignet sich ein hochwertiges Nassfutter, z. B. Huhn, Truthahn oder Fisch, da diese Sorten sehr gute Lieferanten für die Aminosäuren Phenylalanin und Thyrosin sind. Fisch ist zudem reich an Omega-3-Fettsäuren. Während Phenylalanin in die „Erfolgsdroge" Dopamin umgewandelt wird, halten die essenziellen Fettsäuren wie Omega-3 das Gehirn fit und wirken sich positiv auf die Stimmung und den Lernerfolg des Hundes

Grundsätzlich eignet sich jeder Hund zum Trailen. Der Bloodhound besitzt jedoch mehr Riechzellen als andere Rassen und gehört zu den Spezialisten.

aus, da sie die Enzymsysteme und bestimmte Aspekte der Neurotransmitterfunktion steuern. Die Ration, die der Hund bei der Arbeit erhält, kann bei einem gesunden Hund – je nach Typ – die normale einfache Tagesration ersetzen. Nimmt der Hund schnell an Gewicht zu und es wird vor den Mittagsstunden trainiert, sollte der Hund je nach Empfindlichkeit am Morgen gar nichts oder nur wenig zu fressen bekommen. Findet das Training erst am Nachmittag statt, kann die Abendration bei der Suche ersetzt werden. Das steigert nicht selten die Motivation und der Hund „schleppt" bei der Suche keinen zusätzlichen Ballast herum („ein voller Bauch studiert nicht gern"). Verbrennt der Hund allerdings bei einer anstrengenden Suche viele Kalorien, sollte keine Ration weggelassen, sondern abends sogar zugefüttert werden.

Das Suchgeschirr

Es gibt verschiedene Geschirre, die sich für das Trailen eignen. Wichtig ist hierbei, dass es dem Hund gut passt, er es nicht als unangenehm empfindet, es nicht rutscht und vor allem die Verschlüsse sicher und stabil sind. Da wir die meiste Zeit im Stadtbereich unterwegs sind und der Hund beim Trailen an der Leine ziehen darf, ist es wichtig, am Geschirr nicht zu sparen. Sicherheit geht vor!

An der langen Leine voran

Als Trail-Leine eignet sich eine ca. 7–8 Meter lange Leder- oder Beta-Biothane-Leine, da es sich mit diesen Materialien erfahrungsgemäß auch bei nassem Wetter gut arbeiten lässt. Stoffleinen sind nicht geeignet, da sie sich nicht schnell einholen lassen und bei Nässe schwer werden. Eine Leinenlänge von über zehn Metern ist vor allem im Stadtbereich und bei Trail-Einsteigern nicht notwendig.

Die „Versteckte Person" (VP)

Auch bei der Auswahl der Versteckten Person wird nichts dem Zufall überlassen. Eine bekannte Person zu suchen, ist insbesondere anfangs für viele Hunde leichter, da der Geruch bekannt ist und leichter differenziert werden kann. Zudem ist die Motivation des Hundes, eine bekannte Person zu finden, häufig höher. Bei unsicheren oder jungen Hunden, die zum ersten Mal trailen, bietet es sich in manchen Fällen deshalb an, zunächst eine dem Hund bekannte Person zu verstecken.

Das kann z. B. der Hundeführer selbst sein (in diesem Fall führt dann der Trainer den Hund), ein Familienmitglied oder ein Freund des Hundeführers. Nach 2–3 Trainingseinheiten sollte man spätestens zur Fremdperson als VP wechseln. Allerdings kommt es vor, dass der Hund kein großes Interesse zeigt, die Spur seines Herrchens/Frauchens zu verfolgen. Dann ist es zunächst besser, eine Fremdperson zu verstecken. Hat der Hund nach einiger Zeit richtig Spaß an der Suche, kann man im TheraTrailing auch den Hundeführer als VP ab und zu einbauen, um die Bindung zu stärken. Meist wird in festen Gruppen trainiert, die Hunde kennen früher oder später alle möglichen VPs. Deshalb ist es wichtig, immer wieder fremde Personen als VP im Training einzubauen und regelmäßig Spurdifferenzierung zu trainieren. Es kann beispielsweise abwechselnd einer der Hundeführer eine Fremdperson mitbringen oder der Trainer organisiert regelmäßig „Trail-Tage“. An einem Trail-Tag wird die normale Trainingszeit verdoppelt und intensiver trainiert. Hier kommen Teams verschiedener Gruppen zusammen, so dass unbekannte VPs zur Verfügung stehen.

Das Suchgeschirr muss dem Hund gut passen und darf bei der Arbeit nicht verrutschen. Weimaraner Hündin Brandy mit Rovena auf einem Trail.

Aufbau des Trainings

Damit von Anfang an alles gut geht, ist es vor allem bei einem dem Trainer unbekannten, neuen Team wichtig, ein Team-Check-up zu machen. Hierbei ist zu beachten, dass die Einschätzung des Besitzers nicht immer der Einschätzung des Trainers entspricht, vor allem wenn es um das Thema Unsicherheit oder die Mensch-Hund-Beziehung geht.

- Wie alt ist der Hund?
- Seit wann ist der Hund bei seinem Besitzer?
- Wie schätzt der Besitzer seinen Hund ein? (ängstlich/unsicher, wenn ja, in welchen Situationen)
- Was hat der Besitzer mit seinem Hund bisher gemacht? (Unterordnung, bereits andere Formen der Nasenarbeit)
- Gibt es irgendwelche Themen/Probleme mit dem Hund im Alltag? (er haut ab zum Jagen, ist nicht abrufbar, alles genau beschreiben lassen und nachfragen)
- Warum möchte der Besitzer trailen? (Thera-, Sport-,...)

Der Trainer sollte nach dem Team-Check-up einen Überblick haben, welche Trail-Kategorie für den Kunden in Frage kommt, dies mit ihm besprechen und ihn dementsprechend einteilen (Thera- oder Basic-Trailen).

Trainingsprotokoll

Es empfiehlt sich, während der Ausbildung ein Trainingsprotokoll zu führen und sich auch regelmäßig beim Trailen filmen zu lassen. Eine Dokumentation erleichtert es dem Hundeführer herauszufinden, bei welchen Gegebenheiten (Temperatur, Wetterverhältnissen, Umgebung etc.) die Suche seinem Hund leicht oder schwer fällt. Zudem sind Trainingsprotokolle und Filmanalysen ein sehr gutes Instrument, wenn man keinen erfahrenen Trainer vor Ort hat und nur in unregelmäßigen Abständen die Fortschritte oder aufgetretenen Probleme überprüfen lassen kann. Dann kann der (externe) Trainer anhand der Unterlagen gut nachvollziehen, wie mit dem Hund die vergangene Zeit über gearbeitet wurde und was vielleicht der Grund für etwaige Probleme sein könnte (beispielsweise Überforderung durch zu lange und/oder zu schwere Trails).

Trail-Leger und Trainer („Der Wissende“)

Er spielt bei der Ausbildung eines Trail-Teams zunächst die wichtigste Rolle, da der Hund über die Art und Weise, wie die Trails gelegt sind, ausgebildet wird. Ein guter Trail-Leger verfügt über viel Erfahrung (wählt passenden Schwierigkeitsgrad, vermeidet Über- oder Unterforderung, ein Trail baut auf den nächsten auf, ...) und besitzt als Trainer das richtige Gespür beim Führen des Teams. Reagiert der Hundeführer auf die Signale des Hundes und wird dieser in der Lernphase zeitnah auf der richtigen Spur bestätigt, verdeutlicht der Hund seine Körpersprache zunehmend. Der Hundeführer muss sich in dieser Phase auf das Timing des Trail-Legers verlassen können, da nur er den Trail kennt. Ein unerfahrener HF läuft sonst Gefahr, seinen Hund durch die eigene Körpersprache (z.B. nach zu früher oder zu später Bestätigung des Trail-Legers) ungünstig zu beeinflussen. Hunde nehmen bereits kleinste Regungen der menschlichen Körpersprache wahr.

Ziel des Trainings in der Leistungs- und Profistufe

Das Team sollte ohne Führung durch einen Wissenden („blind“) einen Trail möglichst spurtreu ausarbeiten und die VP zeitnah finden. Lernt der Hundeführer nicht von Anfang an, sich auf die Köpersprache seines Hundes zu konzentrieren, wird der Weg vom bekannten Trail zur unbekannten Spur zu weit. Die Körpersprache des Hundeführers ist eine andere, wenn er nicht weiß, wo es langgeht. Der Hund muss von Anfang an lernen, mit dem Nicht-Wissen seines Menschen umzugehen, dabei eigenständig zu suchen und sich nicht, wenn es schwer wird, nach dem Hundeführer zu richten. Der Hund ist sonst in einer späteren Phase von dem plötzlich veränderten Führverhalten seines Menschen irritiert und es kommt zu extremen Verständigungsproblemen. Eine Rückorientierung des Hundes zum Hundeführer oder des Hundeführers zum Wissenden ist unbedingt zu vermeiden.

Aufgabe des Trail-Legers

Gerade am Anfang der Ausbildung ist es sehr wichtig, dass der Hundeführer sich sicher fühlt und das Team nicht ins „Schwimmen“ kommt – Hund und Hundeführer somit nicht in Stress geraten. Dafür ist es notwendig, einen erfahrenen Trail-Leger zu haben, der das Team gut führt und auf den Ausbildungsstand von Hund und Hundeführer eingeht. Ist das Team fortgeschritten, wird der Trail-Leger als Hilfe gebender Trainer immer mehr abgebaut.

1

2

3

Verschiedene Formen des Anriechens

Die Art und Weise, wie man dem Hund den Geruchsartikel präsentiert, hängt stark vom Leistungsstand und den Vorlieben des Hundes ab.

1 *Der offene Geruchsartikel*
Einem jungen, unerfahrenen Hund wird der Geruchsartikel (z.B. ein Hut) einfach auf den Boden auf eine offene Tüte (oder ohne) an den Start gelegt. Man führt ihn dann langsam heran, er riecht und wenn er den Geruchsartikel bereits mit der Spur und der VP verknüpft hat, trailt er los.

2 *Das freie Anriechen*
Hat der Hund Geruchsartikel und Spur gut verknüpft, beginnt man damit, ihm den Geruchsartikel in der Tüte oder im Glas zu geben. Dafür rollt man die Tütenränder so weit hinunter, dass der Inhalt gleich obenauf liegt. Das sogenannte „freie Anriechen" kann auch für den erfahrenen Hund beibehalten werden, da es im Vergleich zum „klassischen Anriechen" einfacher zu praktizieren und angenehmer für den Hund ist.

3 *Das klassische Anriechen*
Es gibt Hunde, die ihre Nase gerne richtig in die Tüte hineinschieben und ein bis zwei Mal tief einatmen. Dieses „klassische Anriechen" ist auch in Ordnung, wenn der Hund es gut annimmt und es im Training richtig aufgebaut wurde.

Ein Geruchsartikel oder Referenzgeruch (GA)

Beim Trailen spielt der Geruchsartikel eine große Rolle. Durch das Riechen am Gegenstand erhält der Hund alle Informationen über den Individualgeruch der Person, die er suchen soll. Er geht nur diesem einen Geruch nach und schließt alle anderen, nicht relevanten Gerüche aus – er differenziert Gerüche. Meist wird der Geruchsartikel in einer kleinen, unbeschichteten Plastiktüte oder einem gespülten Einmachglas aufbewahrt und erst am Start des Trails ausgepackt. Der Hund riecht in die Tüte/in das Glas mit dem darin enthaltenen Geruchsartikel oder auch nur über die Tüte/das Glas hinweg. Ein guter Geruchsartikel ist vor allem im Stadtbereich wichtig, da dort viel Ablenkung und andere Gerüche (verschiedene Personen, Autoabgase etc.) vorhanden sind. Er ist auch deshalb wichtig, weil meist eine Person, die der Hund nicht kennt, gesucht werden soll. Die Qualität der GA spielt für das Gelingen eines Trails vor allem bei Echteinsätzen eine große Rolle. Ist der GA von einer weiteren Person stark kontaminiert und führt von dieser Person ebenfalls eine Spur vom Start weg (und sie befindet sich nicht dort), kann der Hundeführer nicht ausschließen, dass der Hund der „falschen" Person folgt. Der Besitzer einer Bloodhound-Meute, der regelmäßig hoch zu Ross und in Begleitung seiner Hunde auf der Jagd war, schaute uns ganz skeptisch an und fragte, warum wir denn einen Geruchsartikel benötigen. Der Hund würde doch automatisch die Spur aufnehmen, die vom Startpunkt aus wegführt. Das ist schon richtig, wenn man von den Startpunkten ausgeht, an denen er seine Meute angesetzt hat: mitten auf einem Feldweg, wo nur eine frische Spur wegführt. Wir müssen aber bei Einsätzen meist mitten in der Innenstadt ansetzen. Woher soll der Hund hier wissen, welche der zahlreichen, frisch wegführenden Spuren er verfolgen soll?

Kennzeichnung eines Trails

Jegliche Form der Kennzeichnung des Trails (z.B. durch Fähnchen) ist zu Ausbildungszwecken ebenso ungeeignet und wird nur in Ausnahmefällen eingesetzt (für den Hund möglichst unauffällig und nie dieselbe Kennzeichnung), da Hund und Hundeführer sonst lernen, über Optik zu suchen und nach Fähnchen oder Ähnlichem Ausschau zu halten, vor allem, wenn es schwierig wird, z.B. wenn der Hund die Spur verlassen hat. Die Gefahr ist, dass der HF sich nicht mehr auf den Hund verlässt, sondern selbst die Suche (nach Fähnchen) übernimmt und die Körpersprache des Hundes nicht mehr beachtet und unterstützt. Schlimmstenfalls wird der Hund Richtung Fähnchen gezogen.

Adaptation

Den Hund nie in die Tüte zwingen oder den Geruchsartikel zu lange unter die Nase halten! Gefahr der Geruchsadaptation, d. h. Geruch wird nicht mehr deutlich wahrgenommen. Beispiel: Sie gehen in einen Raum, nehmen dort den Geruch deutlich wahr (Textilgeschäft, Parfümerie o.Ä.). Nach ein paar Sekunden haben Sie sich an den Geruch gewöhnt und nehmen ihn nicht mehr deutlich wahr. Erst nach Verlassen des Raums und erneutem Eintreten, wird der Geruch wieder wahrgenommen.

Übertriebenes Anriechen

Manchmal kann man beobachten, dass Hundeführer den Hund zum Geruchsartikel drängen und dann erwarten, dass er sekundenlang seine Nase in die Tüte steckt. Hierbei besteht erstens die Gefahr der Adaptation und zweitens meiden diese Hunde den GA nach einiger Zeit, drehen den Kopf weg und empfinden das ganze Startritual als unangenehm. Gerne unterschätzen wir die Riechleistung des Hundes. Es reicht vielen Hunden aus, wenn man den GA nur kurz hinhält. Stellen Sie sich einfach einmal vor, Ihnen würde jemand eine frisch geschälte Zwiebel unter die Nase halten.

Saubere Geruchsartikel

Ein unerfahrener Hund sollte zunächst mit „sauberen" Geruchsartikeln trainiert werden. Am besten bringt jede mögliche Versteckte Person eigene Tüten zum Training mit und tütet den Geruchsartikel vor allem selbst ein. Hat die VP keine Tüten dabei, bietet es sich an, dass der Hundeführer eine von seinen eigenen Tüten zur Verfügung stellt. Somit wird der Hund am wenigsten mit zusätzlichem Fremdgeruch am Geruchsartikel konfrontiert. Bei erfahreneren Hunden ist es wichtig, auch mit kontaminierten GAs zu trainieren, da es in den seltensten Fällen möglich ist, „saubere" Geruchsartikel zu bekommen.

Beschaffenheit des Geruchsartikels

Auch wenn die Fähigkeit der Hundenase unsere meist etwas einfachen Vorstellungen weit übertrifft, ist es dennoch sinnvoll, auf die Materialbeschaffenheit und eventuell die Größe des Geruchsartikels zu achten.

Leicht: Je größer und „weicher" der Geruchsartikel ist und je näher er am Körper getragen wird, desto mehr Geruch der VP wird darin gespeichert (z. B. T-Shirt, Socken, Schlafanzug, Kopfkissenbezug). Leichter ist es auch, wenn sich noch zusätzliche Körperprodukte am Geruchsartikel befinden, z. B. Haarbürste (Haare).

Schwer: Je kleiner und „härter" der Geruchsartikel ist und je weiter weg er vom Körper getragen wird, desto weniger Geruch der VP ist darin enthalten (z. B. Autoschlüssel, Ledergeldbeutel – starker Eigengeruch von Leder und Geld, Handy). Schwerer ist es natürlich auch, wenn der Geruchsartikel kontaminiert ist oder der Hund „frei" abriechen muss – z. B. einen Türgriff (siehe „Das T-Shirt", S. 133).

Durch das Trailen wird die Bindung zum Menschen gefestigt. Der Hund ist aufmerksamer und lernbereiter. Ina Rebel mit Catahoula Leopard Dog Eyota.

Der Geruchspool

Am Ende des Trails bildet sich um die Versteckte Person herum ein sogenannter Geruchspool. Die Geruchspartikel sind in höherer Konzentration vorhanden, da sich die Person über längere Zeit an der gleichen Stelle aufhält. Der Eintritt in den Geruchspool der VP muss mit dem Hund trainiert werden, denn der Schwierigkeitsgrad kann durch das Alter des Pools und durch die vorhandenen Umgebungsbedingungen stark variieren. Nicht selten sucht der Hund in der Prüfung oder beim Einsatz bis auf wenige Meter an die gesuchte Person heran und läuft dann ein paar Meter versetzt daran vorbei. Im Training ist es also sinnvoll, die VP beispielsweise hinter einem Auto zu positionieren, damit sich der Hund heransuchen muss.

Vorsicht beim Anreizen

Nach den neuen Erkenntnissen aus der Lerntheorie ist es nicht sinnvoll, den Hund am Start mit dem sogenannten „Anreizen“ zum Trailen zu bringen. Diese Methode wird heute nur in bestimmten Fällen eingesetzt und gilt ansonsten als überholt.

Das Anreizen

Die bislang am häufigsten praktizierte, aber für die wenigsten Hunde geeignete Methode ist das „Anreizen“, das heißt der Hund sieht zunächst die VP mit dem Hundefutter weggehen. Früher ist das zudem noch mit einem großen „Verabschieden“ vom Hund geschehen, indem die VP dem Hund das Futter vor die Nase gehalten, beim Entfernen gelaufen ist und dabei den Hundenamen gerufen hat. Der Hund stand dabei schon direkt am Start.

Das macht man heutzutage nur noch in Ausnahmefällen (z. B. alter Hund; Hund ohne Bindung zum HF); nie jedoch bei Welpen, jagenden oder hyperaktiven Hunden aufgrund der Erkenntnisse aus der Lerntheorie. Denn beim „Anreizen“ wird über den Bewegungsreiz gearbeitet. Die Motivation des Hundes zur „Suche“ ist nur vordergründig hoch. Der Hund lernt mit dieser Methode recht schnell, dass er der VP hinterhergehen soll, der Fokus liegt hierbei aber nicht darauf, dass er dafür seine Nase einsetzen soll! Bei angereizten Hunden besteht ihr Trail-Leben lang die Gefahr, dass sie nur oberflächlich motiviert und nicht in die Tiefe konzentriert mit der Nase arbeiten. Das macht sich spätestens dann bemerkbar, wenn der Hund Trails mit Schwierigkeiten wie „P“ (siehe S. 90) lösen soll oder der Trail über 1.000 Meter lang ist und auch eine lange Strecke geradeaus beinhaltet. Dies bedingt vor allem bei Hunden, die von sich aus recht arbeitseifrig sind (Suchtypen: Ehrgeizige, Stürmer), ein zu hohes Tempo beim Trailen. So ist schnell ein schwieriger Abgang verpasst und der Hund muss sich erst wieder mühsam auf die frische Spur zurückarbeiten. Hunde, die angereizt wurden, egal welchen Suchtyps, zeigen später häufig Stresssymptome am Start wie Bellen, Zittern etc. Das Anreizen kann in abgeschwächter Form aber gezielt eingesetzt werden als „Kick“ bei Aufmerksamkeitsproblemen (Pubertät), bei alten Hunden, bei Hunden, die sehr schwer zugänglich sind oder die VP nur zögerlich annehmen. Dies kommt meist bei Hunden vor, die zunächst keinen Sinn darin sehen, für den Hundeführer zu arbeiten (Bindungsproblematik), verunsichert sind, oder es kann auch rassebedingt sein (z. B. Bernhardiner).

Die abgeschwächte Form sieht so aus, dass die VP dem Hund das Futter am Auto des Hundeführers zeigt und im normalen Tempo weggeht. Der Hund wird erst zum Start gebracht, wenn die VP außer Sichtweite ist.

„Chicken run"

Eine andere Form des Anreizens bei Hunden, die nicht zum ersten Mal trailen, ist der sogenannte „Chicken run". Er kommt in Ausnahmefällen und nur bei trailerfahrenen Hunden zum Einsatz, die nicht schreckhaft sind, um dem Hund ein spaßiges Ende zu bereiten. Die VP hat bereits den Trail gelegt und wartet auf das Ankommen des Hundes hinter einem Busch. Nähert sich das Team bis auf ungefähr fünf Meter, läuft die VP aus ihrem Versteck ein paar Meter weiter und ruft den Hund mit Namen. Dieser läuft hinterher und bekommt dann bei der VP sein Futter, ohne Anzeige. Das Ganze soll ein Spaß für alle sein.

Nicht für jeden Hund geeignet

Der sogenannte „Chicken run" wird nur in Ausnahmefällen und bei Hunden eingesetzt, die nicht schreckhaft sind und vor allem nicht zum ersten Mal trailen.

Der EntdeckerTrail

Der EntdeckerTrail ist die derzeitige Standard-Methode, wie ein Hund, vor allem ein Welpe (ab der 9. Woche kleine Suchspiele und ab der 10. Woche kann normalerweise langsam mit dem Trainingsaufbau begonnen werden) oder Junghund an das Trailen herangeführt werden soll. Diese Methode sollte in 90 % der Fälle gewählt werden. Wir starten mit einem sogenannten „EntdeckerTrail". Hierbei soll der Hund über eine völlige Eigenmotivation heraus auf die Idee kommen, eine von uns vorgegebene Spur mit der Nase zu verfolgen. Jede Form des optischen Anreizens wird unterlassen. Man braucht natürlich etwas mehr Geduld, da der Hund zuerst nicht weiß, was von ihm erwartet wird.

Bereits der Welpe kann an das Trailen herangeführt werden. Gestartet wird mit einem EntdeckerTrail (Pudel-Beagle-Mix Gina, zehn Wochen alt, auf ihrem ersten Trail).

EntdeckerTrail einfach: Der Hund hangelt sich über die Spur und die Geruchsartikel zur VP, die sich hinter einem Baum versteckt.

1. und 2. Training – EntdeckerTrail einfach (Trail 1)

Wir gehen mit der VP in ein ruhiges Gebiet ohne Ablenkung. Dort wählen wir einen weichen Untergrund, wie z. B. eine Wiese mit ein paar Büschen und Bäumen, eventuell mit einem Feldweg (aber keine „Gassimeile"), oder aber ein Stückchen Wald mit Trampelpfaden und Mooswegen, ohne Gestrüpp und Dornen. Der Hund und sein Hundeführer bleiben zunächst am Auto zurück, damit der Hund das Trail-Legen nicht beobachten kann. Haben wir eine gute Stelle gefunden, beginnen wir den Trail zu legen. Wir bitten die VP am Startpunkt einen großen, weichen Geruchsartikel (z. B. ein T-Shirt) von sich hinzulegen und unmittelbar dahinter (nicht daneben) loszugehen. Die VP sollte zwei weitere, kleine Geruchsartikel (z. B. Socken) dabeihaben. Nun geht sie ein paar kleine Schritte, nur wenige Meter (ca. 5 m) und legt auf ihre Spur einen kleinen Geruchsartikel (Socke). Dann geht sie ein paar kleine Schritte weiter und legt wieder einen kleinen Geruchsartikel auf die Spur. Wichtig ist hierbei, dass die Geruchsartikel wirklich auf der Spur landen und nicht daneben, damit der Hund anfangs nicht von der Spur abweicht. Ist er erfahrener, muss er nicht mehr absolut spurtreu gehen. Der Trainer beobachtet und gibt Anweisungen, geht die Spur aber nicht mit. Der erste Mini-Trail ist höchstens ein paar Meter lang. Die VP sitzt für den Hund nicht sichtbar z. B. an einem Busch. Aber nicht so versteckt, dass der Hund nicht gleich rankommt. Er kann die Person, kurz bevor er dort angekommen ist, sehen. (Nur bei den ersten EntdeckerTrails, bis er verstanden hat, was er tun soll und den Weg Geruchsartikel => Spur => Person => Belohnung verknüpft hat; später sollte der Hund die VP nur selten sehen können). Bewährt hat sich, dass der erfahrene Ausbilder ggf. den Hund die ersten 2–3 Trainings führt, und nicht der Besitzer, wenn dieser zum Beispiel keine Trail-Erfahrung hat.

Gleich im Anschluss an den ersten Teil wird der zweite Teil mit einem ähnlichen Aufbau und derselben VP angeschlossen. Wichtig: Der Hund sieht nicht zu, wie die VP weggeht. Kommt der Hund bei der VP an, freut sich diese ruhig und gibt dem Hund die Hälfte seiner Belohnung. Die andere Hälfte wird noch benötigt, da gleich im Anschluss der zweite Mini-Trail gearbeitet wird.

Die Trail-Länge kann auch bei einem EntdeckerTrail variieren, je nach Alter, Größe und Rasse des Hundes. Für einen 4 Monate alten Elo-Welpen sieht der erste Trail anders aus, als für einen 1-jährigen Jagdhund. Allerdings ist der Trail bei beiden nur ein paar wenige Meter lang (zwischen 5–10 m). Beide sollten allerdings die Möglichkeit haben, über die Spur anzukommen und nicht schon vom Start weg Witterung bekommen. Als zusätzliche Verstärkung der Spur kann die VP einen großen Geruchsartikel von sich (z. B. eine Socke an der Leine) hinter sich auf dem Boden herziehen. Hat der Hund einen Teil seiner Belohnung gefressen, schließt die VP die Dose und der Hundeführer geht mit seinem Hund an eine Stelle, von der aus der Hund nicht sehen kann, wohin die VP nun geht. Jetzt wird der zweite Anschluss-Mini-Trail gelegt, in derselben Art und Weise wie zuvor. Wichtig ist hierbei, dass der Start des zweiten Trails ein paar Meter vom ersten Endpunkt entfernt liegt und der Hund nicht direkt im Pool angesetzt wird und womöglich auch noch damit beschäftigt ist, den heruntergefallenen Resten seines Futters von Trail 1 nachzuschnüffeln.

„Sockenhund"

Als Geruchsverstärker eignet sich beim Legen eines EntdeckerTrails für Anfänger der sogenannte „Sockenhund". Die VP zieht eine Socke an einer Schnur hinter sich über den Boden.

ZEHN WOCHEN ALTER PUGGLE-WELPE, *der zum ersten Mal trailt. Der Geruchsartikel am Start (GA1) ist ein getragenes Sweatshirt der VP, also ein relativ großer, weicher GA, der von dem Welpen gut angenommen wird. Der Welpe befindet sich hier bereits am zweiten Geruchsartikel, der von der VP beim Einlaufen direkt auf die Spur gelegt wurde. Der Welpe wurde einfach zum ersten GA herangeführt. Ohne Kommando oder sonstige Ansprache läuft er nach einiger Zeit los in Richtung des zweiten Geruchsartikels. Er wird nicht gedrängt oder sonst irgendwie verbal motiviert! Trailt auch der Hundeführer zum ersten Mal, achtet der Trainer darauf, dass dieser nicht zu schnell, aber auch nicht zögerlich hinter dem Hund herläuft. Man sieht sehr schön, wie der Welpe bereits die Nase einsetzt.*

2. UND 3. TRAIL IM ERSTEN TRAINING; *Wiederholungstrails hintereinander nach dem ersten Durchgang von Trail 1. Die VP legt wieder den großen Geruchsartikel an den Start und unterwegs werden die kleinen Geruchsartikel (hier Socken) auf die Spur gelegt. Die Geruchsartikel auf dem Trail sollten nicht groß sein, damit der Hund nicht auf Sicht läuft und sich auch nicht zu lange an den GAs aufhält. Der Welpe wartet mit seinem Frauchen ein paar Meter um die Ecke und sieht der VP nicht zu.*

Kleidungsstücke können auch hinter sich hergezogen werden.

Mögliche Geruchsverstärker der VP auf dem frischen Trail

- Weiche, getragene Kleidungsstücke, nicht zu groß: Socken, Halstuch, Handschuhe ...
- Getragene Papiertaschentücher (am besten unter das T-Shirt stecken), die zu Schnipseln oder Kügelchen zerkleinert und beim Laufen auf die Spur gestreut werden (nur wenn kein Wind weht!).
- Jacke, Hose o.Ä. beim Laufen hinter sich herziehen. Oder eine Socke an eine Hundeleine binden und hinter sich herziehen („Sockenhund").
- Vor dem Auslegen der Spur Steine, Blätter, Äste etc. einsammeln und unter die Jacke stecken. Beim Laufen des Trails nach und nach auf die Spur legen. Steine, Blätter, Äste etc. sind sehr gut getarnte Geruchsverstärker, die der Hund optisch nicht wahrnimmt, wenn sie in die Umgebung eingebaut werden.
- Im Winter können auch Schneebälle als Geruchsverstärker geformt und auf den Trail gelegt werden.

Alternative für Trail 1

Für den ersten EntdeckerTrail eignet sich auch sehr gut ein ruhiges Wohngebiet mit Häusern, da man sozusagen „um die Ecke trailen" kann und die VP entweder gleich hinter der ersten Hausecke oder aber am Hauseingang platziert wird, sodass der Hund sie nicht gleich aus der Entfernung sehen kann, er aber schnell an sie herankommt (je nach Alter und Eignung des Hundes).

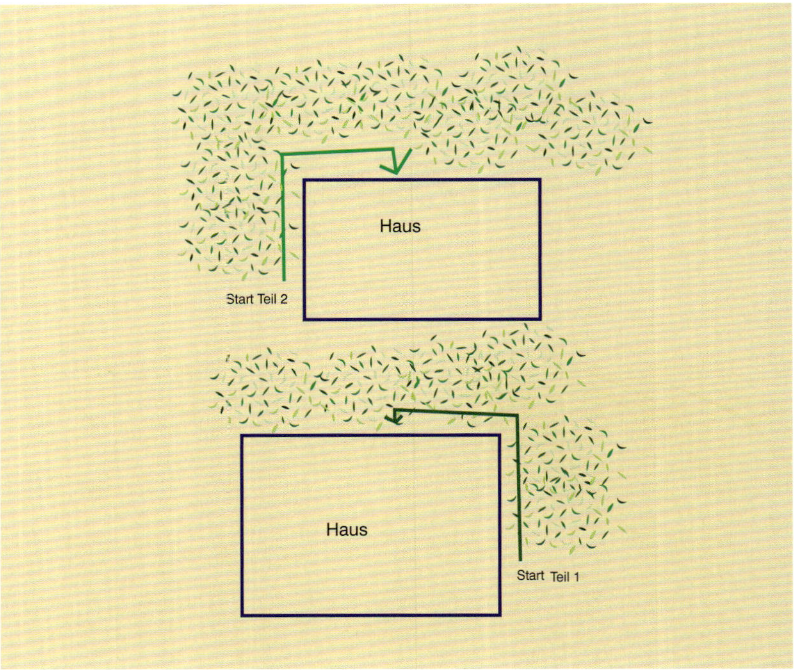

So könnte nach der Pause im Auto der zweite und dritte Trail im Anschluss an den ersten Trail aussehen. Achten Sie darauf, dass so gut wie keine Ablenkung vorkommt (Menschen, Hunde, etc.).

Variationen, abhängig von der Region

Das Training ist sehr stark davon abhängig, in welcher Region man lebt. Je nachdem werden die Schwerpunkte gesetzt. In manchen Regionen gibt es wenig städtisches Gebiet, dafür viel offene Fläche, vielleicht auch Meer und Wind. In anderen Regionen wiederum ist es sehr hügelig und die Vegetation abwechslungsreich. Die Hunde lernen, mit den jeweiligen Bedingungen umzugehen. Dennoch ist es wichtig, die Trail-Gebiete zu variieren, vor allem wenn man im ManTrailing-Bereich tätig ist. Ein ManTrailer sollte mit vielen Gegebenheiten klarkommen und diese kennen lernen, da es sein kann, dass er auch mal Einsätze außerhalb der eigenen Region oder in einem anderen Land läuft. Für alle Trailer ist es auf jeden Fall wichtig, regelmäßig von Anfang an auch im Stadtbereich zu trainieren. Lernt der Hund nicht schnell, auf Asphalt und unter Ablenkung zu arbeiten, fällt es ihm später sehr schwer. Im Gegenzug ist es für „StadtTrailer“ wichtig, auf dem Land zu trailen. Offene Flächen und Tiere, die es normalerweise in der Stadt nicht gibt (z. B. Kühe), können einen „StadtTrailer“ genauso aus dem Konzept bringen, wie Autos und Lärm den „LandTrailer“.

Die junge Labrador-Hündin Joy hat den Zugang zur Tiefgarage gefunden.

Auch an Gewässern sollte trainiert werden, da hier schwierige Geruchsverhältnisse vorkommen (Magyar Vizsla Hündin Ginger).

Exkurs – Einblick in die Neurophysiologie

Trail-Aufbau für Anfänger

Je nach Ausbildungsstand des Hundes empfiehlt sich aus neurophysiologischer Sicht eine bestimmte Abfolge der Sucheinheiten (siehe S. 58 ff.). Die elektrische Leitfähigkeit im Gehirn wird durch die Wiederholungen in der Lernphase im Abstand von Sekunden bis Minuten verbessert. Daher bietet es sich insbesondere bei Junghunden oder Hunden, die zum ersten Mal trailen an, 2–3 kurze Durchgänge (kleine EntdeckerTrails, siehe S. 32 und 36) hintereinander durchzuführen (Ausbildungsstufe Weiß). Nach der erfolgreichen Suche ist es für jeden Hund wichtig, ihn ruhig zum Auto zurückzubringen. Er sollte dort mindestens 15 Minuten ausruhen können. In dieser Zeit wird vorher Erfahrenes nochmals im Gehirn durchgespielt und damit gefestigt. Durch dieses „Lernen in der Pause" werden Zusammenhänge im Gehirn auf Ebene der Nervenzellen fixiert. Nach der Pause findet eine Wiederholung statt (zwei Mini-Trails hintereinander, siehe S. 35). Dabei werden neue, zusätzliche Botenstoffe aktiviert („chemische Verstärkung"). Zwei bis drei Tage später sollte wieder ein Suchtraining für den Hund stattfinden. Dies ruft die bereits erwähnte Rückkopplung im Gehirn des Hundes hervor.

Individuelles Training

Befindet sich der Hund auf dem Ausbildungsstand der Stufe Grün, ist es für ihn sinnvoller, nur noch einen Trail zu machen (vor allem wenn an Schwierigkeiten gearbeitet wird. Die erfolgreiche und eigenständige Lösung des Trails bzw. der eingebauten Schwierigkeit ist das Letzte, was er abspeichert und man kann im nächsten Training unmittelbar dort anknüpfen. Prinzipiell ist es wichtig, dass für jeden Hund individuell ein Trail auf den anderen aufbaut und nicht „irgendetwas" gelegt wird.

Trail-Aufbau für erfahrene Hunde

Der Hund bekommt im Training einen Trail von ca. 200 m Länge, dann folgt die Pause von mind. 20 Minuten. Nach der Pause bekommt der Hund noch einen Trail. Je nachdem, wie gut er den ersten absolviert hat und wie schwer dieser war, wird der Folge-Trail darauf zugeschnitten. Der zweite Trail bewirkt die Produktion zusätzlicher Botenstoffe und Bindungsstellen im Gehirn. Ab dieser Phase lohnt es sich auch, einen ganzen Trail-Tag oder ein Trail-Wochenende zu absolvieren. Denn trainiert der Hund in dieser Zeit mehrere Tage am Stück, nimmt die Anzahl der Synapsen zu und die Erregungsleitbahnen im Gehirn werden „dicker", d. h. mehr (Info-)„Strom" kann fließen, was sich natürlich auch auf die Suchausdauer und Konzentration auswirkt. Danach ist es jedoch wichtig, wieder ein paar Ruhetage einzulegen, damit sich der Hund von den anstrengenden Tagen regenerieren kann und die Suche nach wie vor ein Highlight für ihn darstellt.

3. und 4. Training – EntdeckerTrail

(2 Trails; mit Pause; je nach Eignung des Hundes)

Der Trail ist so lange ein EntdeckerTrail, bis der Hund die Suche deutlich verknüpft hat. (Geruchsartikel => Spur => Ankommen bei VP => Belohnung). Wir geben hier nur Beispiele, das Training variiert aber je nach Alter, Größe des Hundes (wegen Trail-Länge) und unter Berücksichtigung, ob der Hund ein „TheraTrailer" ist. Geht der Hund jetzt bereits zielstrebig an den Geruchsartikel heran, kann man das Kommando „Riech" einführen. Beginnt er von alleine, motiviert und mit Einsatz der Nase zu suchen, kann man beim nächsten Mal schon das zukünftige Suchkommando einführen. Wichtig ist, dass für das Trailen nach einer Person nur ein Kommando verwendet wird, welches sonst nicht eingesetzt wird. Verwendet man zum Beispiel für eine Futterfährte oder Suchspiele mit Gegenständen bereits das Kommando „Such", sollte man für das Trailen ein anderes verwenden (z.B. „Trail" oder „Cerka"). Hat der Hund die Suche auf diesem Trail bereits verknüpft, kann die VP beim Legen des nächsten Trails als Geruchsverstärker statt getragener Kleidungsstücke auch kleine Taschentuchkügelchen verwenden (nur bei Windstille, Kügelchen direkt auf die Spur legen), oder unterwegs den Untergrund (z.B. Asphalt) kurz anfassen.

Geht der Hund zielstrebig an den Geruchsartikel heran und verfolgt selbstständig die Spur, kann das Suchkommando eingeführt werden.

Hilfreich ist auch, wenn die Vermisste Person Dinge anfasst, die unterwegs auf dem Trail zu finden sind, zum Beispiel kleine Steine oder Äste. Diese Methode und das Nachschleifen ersetzen möglichst bald die „verlorenen", getragenen Kleidungsstücke unterwegs, damit Hund und Hundeführer nicht Gefahr laufen, nach Optik zu suchen. Manchen Hunden ist ein Kleidungsstück unterwegs zudem schon zu viel Poolgeruch. Meist merkt man es deutlich, wenn der Hund die Geruchsartikel unterwegs nicht mehr benötigt.

Den Trail im 3. und 4. Training kann man z. B. in einem Wald- oder Parkgebiet legen. Der Untergrund sollte weich sein; gerne werden Waldwege oder weiche Trampelpfade benutzt. Auf keinen Fall sollte ein für den Hund unangenehmer Untergrund wie z. B. Gestrüpp mit Dornen eingebaut werden.

Gesamtlänge des Entdecker-Trails ca. 20–30 Meter, z. B. in einem Wald- oder Parkgebiet.

5. und 6. Training – AufbauTrail

(2 Trails pro Trainingseinheit; je nach Eignung des Hundes)

Der Hund hat nun bestenfalls den Geruchsartikel mit der VP verknüpft und weiß, dass er deren Spur verfolgen soll. Nun ist es wichtig, verschiedene Untergründe zu trainieren und Bodenwechsel beim Legen der Trails einzubauen, auch Asphalt (kann auch schon ab dem 1. Training eingebaut werden). Wir starten z. B. auf einer Wiese, der Trail führt auf einen Kiesweg, wieder etwas Wiese, überquert eine asphaltierte (wenig befahrene) Straße, kurz danach sitzt die VP. Hier können wir an manchen Stellen noch einen Geruchsartikel nachziehen, z. B. die ersten Meter am Start, dann ein Stück auf dem Kiesweg und über die Straße. So fällt dem Hund der Übergang vom weichen, leichteren Untergrund auf den harten, schwereren nicht so schwer.

Gesamtlänge der Entdecker-Trails 50–100 Meter in einem beruhigten Wohngebiet. An den gelb markierten Stellen im Beispiel wird stellenweise ein Kleidungsstück der VP hinter sich hergezogen.

Herdenschutzhund Rusty kommt hier deutlich vorne hoch und leitet zusammen mit der Hundeführerin das Umdrehen ein, da er diese Richtung durch seine Körpersprache ausschließt.

7. und 8. Training – AufbauTrail

(2 Trails, je nach Alter, Größe und Eignung des Hundes)

Jetzt ist es an der Zeit, für den Hund nach und nach spannende Dinge und weiterhin atypische Abgänge einzubauen. Es geht z. B. mal durch ein Schlupfloch in der Hecke, eine Treppe rauf oder runter oder über ein kleines Hindernis. Es können auch kleinere, unbelebte Plätze oder Durchgänge eingebaut werden. Gesamtlänge der Trails ca. 150 Meter, je nach Eignung, Suchtyp und Alter des Hundes (Junghund dementsprechend kürzer, ebenso Vorsicht bei TheraTrailer) auch schon mal mit mehr Ablenkung in etwas belebterem Gebiet. Je belebter das Gebiet, desto kürzer sollte anfangs der Trail sein, da Ablenkung von außen den Einsteiger schnell überfordern kann. Der Hund lernt so auch die unterschiedlichen Geruchsverhältnisse auf der Spur kennen (Geruchsabrisse bei einem Durchgang, Kamineffekt, weitere Streuung an die Randbereiche auf einem Platz etc.) und der Hundeführer erkennt nun meist die ersten Körpersprachsignale des Hundes und somit, wo sich der Geruch befindet, da der Hund – je nach Suchtyp – z. B. auf dem Platz etwas hin- und herpendelt oder beim Durchgang nicht gleich hineinzieht.

Unterstützung bei der Sucharbeit

Es kann hilfreich sein, wenn der Trainer dem Hundeführer auf dem Trail schon vor der Abzweigung sagt, in welche Richtung es gleich gehen wird, damit der Hund nicht durch den unerfahrenen Hundeführer verunsichert wird, da dieser das richtige Timing beim Führen erst entwickeln muss. Der Hundeführer darf aber in keinster Weise eine Richtung vorgeben oder hinten wie ein Pendel in die richtige Richtung ausschlagen. In der Lernphase ist es wichtiger, den Hund in seiner Sucharbeit zu unterstützen, damit er eine deutliche suchtyp-spezifische Körpersprache entwickeln kann, als dass der Hundeführer alleine ausprobiert, wo es entlanggehen könnte und die Körpersprache des Hundes dadurch „verwäscht“, anstatt dass sie verstärkt und gefestigt wird. Ein Hund mit einer deutlichen Körpersprache ist für den Hundeführer später besser zu lesen. Ein Reitanfänger würde sich auf einem nicht eingerittenen Pferd auch sehr schwer tun.

9. und 10. Training

(2 Trails, je nach Alter, Größe und Eignung des Hundes)

Der Trainer legt die Trails so, dass erstens dem Hund die Suche leicht fällt, ohne ihn zu langweilen, und zweitens der Hundeführer immer mehr auf die Signale des Hundes achten kann. Dazu bieten sich deutliche Richtungsänderungen an, bei denen man beobachten kann, wie der Hund diese anzeigt, beispielsweise durch Kopfbewegung oder Schrägstellen des Körpers, deutliches Hineinriechen, etc. Trail-Länge ca. 200 Meter. Ebenso sollte nun damit begonnen werden, den Hund quer zur Trail-Richtung anzusetzen, damit er lernt, deutlich die Startrichtung vorzugeben.

Rusty zeigt die typische Körpersprache eines Kombinierers (S. 74) in der Stadt. Er arbeitet vorwiegend mit halbhoher Nase, in mittlerem Tempo.

Kategorisierung der Trails

Der EntdeckerTrail

Er steht ganz am Anfang der Ausbildung und ersetzt das früher eingesetzte „Anreizen", das heute nur noch in seltenen Ausnahmefällen angewandt wird (siehe S. 30). Der Hund soll lernen, aus eigenmotiviertem Handeln anhand seiner Nase (nicht über die Augen) über die Spur bei der Vermissten Person anzukommen. Wichtig hierbei ist, dem Hund anfangs genügend Zeit zu lassen, um auf die richtige Idee zu kommen – und ihn auf der Spur nicht zu drängen. Das Team wird eng auf der Spur geführt oder der Trail-Trainer führt anfangs den Hund.

Der AufbauTrail

AufbauTrails werden nach den EntdeckerTrails in der nächsten Ausbildungsstufe gelegt, sobald der Hund den Geruchsartikel mit der Spur und der VP eindeutig verknüpft hat. Mit den AufbauTrails beginnt das eigentliche Trailen, da der Hund nun verstanden hat, was er tun soll, und beginnt, eigenmotiviert nach vorne zu arbeiten. Das Team wird Trail-Leger/Trainer eng auf der Spur geführt.

Der LernTrail

Über unterschiedliche Trails kann der Hund gezielt an verschiedene Schwierigkeiten herangeführt werden.

Natürlich lernt der Hund bei jedem Trail etwas. Sinn des LernTrails ist es, eine bestimmte Schwierigkeit (zum Beispiel „P" aus der Stufe Grün, siehe S. 63) gezielt zu trainieren. Mit den LernTrails beginnt man ab der Ausbildungsstufe Orange (siehe S. 59 ff., Das 3-Stufen-Phasen-Modell), also nach Abschluss der Basis I und II (Entdecker- und AufbauTrails, 1.–20. Trainingseinheit). Das Team wird nah auf der Spur geführt.

Der MotivationsTrail

Ein MotivationsTrail wird angewandt, wenn der Hund sich auf dem vorigen Trail schwer getan hat oder aus sonstigen Gründen einen motivierenden Trail benötigt (Konzentrationsschwierigkeiten, nach Krankheit, Einsatz o.Ä.). Er zeichnet sich dadurch aus, dass er für den Hund möglichst stressfrei und einfach zu lösen ist. Es liegen keine alten Spuren unter dem Trail (One Way). Das Team wird eng und locker auf der Spur geführt.

Der AbfangTrail

Der AbfangTrail ist vor allem bei Hunden, die in Einsätze und Prüfungen gehen oder im Sportbereich häufig „blind“ laufen, sehr wichtig. Er dient dazu, den Hund wieder „in die Spur“ zu bringen, wenn im vorigen Trail Konfliktsituationen wie „Parallelspur“, große Start- oder Endpools waren. Das Team wird hierbei vom Wissenden sehr eng auf der Spur gehalten. Ein AbfangTrail kann auch MotivationsTrail sein, dann beinhaltet er aber keine Schwierigkeiten (One Way).

Der Weimaraner sollte früh-zeitig lernen, seine Kräfte einzuteilen und sich vor lauter Arbeitseifer nicht zu schnell zu verausgaben. Eigenständige Problemlösungen auf dem Trail sind seine Stärke.

Der AusdauerTrail

Der AusdauerTrail wird regelmäßig eingebaut, um die Suchkondition und Konzentrationsfähigkeit des Hundes auf der Spur zu erhöhen. Die Länge des Trails wird dementsprechend erhöht. Wichtig hierbei ist, die Länge langsam zu steigern. Hat der Hund einen gewissen Leistungsstand, können auch Schwierigkeiten eingebaut werden. Ablenkung (Verkehr, Passanten, etc.) zunächst möglichst gering halten.

Ungeführter Trail

Der ungeführte Trail ist die Vorstufe zum BlindTrail. Der Hundeführer und sein Helfer kennen den Trail nicht und bekommen vom „Wissenden“ auch keinerlei Hilfe. Auch hier gibt es noch Vorstufen, indem der Wissende z. B. nur eingreift, wenn das Team stark vom Trail abweicht. Das K-9-Stufensystem ist so aufgebaut, dass das Team in kleinen Schritten auf das Lösen ungeführter Trails (z. B. in Prüfungen) vorbereitet wird.

BlindTrail

Beim BlindTrail kennt keiner der mitlaufenden Personen den Trail. Dies kommt vor allem bei Einsätzen vor. Den BlindTrail kann man auch ab und zu ins Training einbauen, indem man eine VP den Trail alleine laufen lässt und keiner weiß, wohin sie gegangen ist. Wichtig: Mit kurzen Trails in Gebieten mit wenig Ablenkung beginnen, dann langsam steigern (erst ab Profistufe Blau). Im folgenden Training unbedingt einen AbfangTrail setzen, auch wenn der BlindTrail gut gelöst wurde! Sonst besteht die Gefahr, dass der Hund – je nach Typ – die Eindeutigkeit in der Körpersprache verliert, unsicher wird oder die Spur nicht mehr richtig annimmt (geht rein und wieder raus).

Die Körpersprache des Hundeführers

Die Körpersprache des Hundeführers steht auf dem Trail in direktem Zusammenhang mit der Körpersprache des Hundes. Ist die Körpersprache des Hundeführers selbstsicher und das Leinenhandling flüssig, kann der Hund motiviert suchen. Nimmt die Sicherheit des Hundes zu, kann er vorne an der Leine ruhig und eigenständig in der Vorwärtsbewegung arbeiten und wird so für den Hundeführer deutlich lesbar. Ein unsicherer Hundeführer, der unklar in seinen Bewegungen ist, hat oftmals einen rückorientierten, wenig entscheidungsfreudigen Hund, der sich schwer tut, eine Richtung bei der Suche vorzugeben und die Aufgabe eigenständig zu lösen. Dieser Hund besitzt bei der Sucharbeit kaum Selbstbewusstsein und ist bei schwierigen Aufgaben schnell überfordert.

Schweißhund-Mix Zaphira arbeitet ruhig und selbstständig nach vorne und gibt so der Hundeführerin deutlich lesbar die Richtung der Spur an.

Das Suchtempo

Ebenso ist es wichtig, auf das Suchtempo zu achten. Der Hund sollte motiviert und flüssig durcharbeiten, ohne regelmäßig ins Stocken zu geraten. Er darf aber keinesfalls bei der Arbeit gedrängelt oder gehetzt werden, vor allem in den höheren Stufen muss er in Ruhe schwierige Stellen ausarbeiten können, ohne vom Hundeführer unter Druck gesetzt zu werden. Er soll sein eigenes Suchtempo entwickeln können. Insofern ist es anfangs sinnvoll, bestimmte Bewegungsabläufe zu trainieren und daran zu arbeiten, den Hund durch die Körpersprache zu unterstützen und ihm dadurch Sicherheit zu vermitteln. Hier gehen wir im Training auf die unterschiedlichen Suchtypen ein, da der eine Hund mehr Unterstützung benötigt als der andere. Das Team wird bei regelmäßigem Training zu einer Einheit zusammenwachsen, das ein flüssiges und konstantes Arbeiten des Hundes („steadiness") auf der Spur möglich macht.

Bei der Vermissten Person angekommen, gibt es eine schmackhafte Belohnung.

Der Erfolg wird sichtbar, wenn der Hundeführer klar in seiner Körpersprache ist und das Vertrauen in die Leistung seines Hundes steigt. Dann zeigt auch der Hund eine deutliche Körpersprache (auf die wir gleich noch eingehen werden, siehe S. 68 ff.) mit Rutenstellung, Ohrenspiel und vor allem seiner Körperspannung. Hat der Hundeführer nicht gelernt, darauf zu achten, besteht die Gefahr, dass er dem Hund in entscheidenden Situationen im Weg steht und ihn dadurch bei der Suche behindert. Der Hund kommt ins „Schwimmen" und der Hundeführer drückt ihn eventuell in die falsche Richtung. Manche Hunde kommen dann an den Punkt, an dem sie – falsch – zu laufen beginnen, ohne anzuzeigen, dass sie die Spur verloren haben. Sie arbeiten mit der Zeit weniger spurtreu und drehen schlecht um. Stolpern sie dann auch noch mehr oder weniger zufällig über die VP und werden für den „Fund" bestätigt, kann sich daraus der sogenannte „Landkreissucher" entwickeln. Dieser Hund arbeitet über das Ausschlussprinzip und nimmt die eigentliche Spur nicht mehr oder nur schlecht an. Andere Hunde wiederum bleiben stehen, setzen sich hin, kreiseln oder werden hektisch, wenn sie verunsichert sind. Daher ist es wichtig, sich das Risiko der Verunsicherung des Hundes durch eine nicht optimale Körpersprache des Hundeführers vor Augen zu halten und den Hund bei der Arbeit zu unterstützen und nicht zu behindern. Trailen ist somit auch Teamarbeit!

An Straßen wird der Hund aus Sicherheitsgründen an kürzerer Leine geführt.

An kurzer Leine durch die Stadt

Trail-Einsteiger aber auch erfahrene Trailer äußern zunächst Bedenken, ihrem Hund durch Leinenarbeit und Körpersprache die Eigenständigkeit zu nehmen. Nur wenige Hunde sind der Erfahrung nach langfristig wirklich in der Lage, an durchhängender Leine schwere Trails im Stadtgebiet (beim Street- oder ManTrailen) auf Dauer selbstständig zu lösen. Am ehesten können dies Hunde aus der Kategorie Suchtyp I und V (siehe S. 72 ff.). In belebter Innenstadt ist es zudem aufgrund der hohen Ablenkung durch Passanten und aus Sicherheitsgründen (Fahrradfahrer, Straßenverkehr) selten möglich, die Leine lang und locker durchhängen zu lassen. Außerdem ist die Wahrscheinlichkeit, sich mit der Leine um Laternenpfosten etc. zu wickeln, hoch. Die lange, durchhängende Leine und wenig Körperspannung kann meist nur auf ÜberlandTrails (beim Cross- oder ManTrailen) mit geringeren Schwierigkeiten und wenig Ablenkung erfolgreich angewandt werden. Unsere Erfahrung hat gezeigt, dass der Großteil der Hunderassen (Ausnahmen sind u.a. einige Bloodhounds und andere Jagdhunderassen des Suchtyps II und Schlittenhunde oder Golden Retriever des Suchtyps III) die Unterstützung des Hundeführers benötigt und Trailen Teamarbeit ist. Anfangs ist die Anforderung an den Hundeführer deutlich höher, als dem Hund überall einfach hinterherzulaufen. Nicht die Länge des Trails allein entscheidet darüber, ob ein Trail schwer zu lösen ist. Man kann auch 400 Meter so legen, dass ein geübter LangstreckenTrailer gar nicht oder nur unter großer Anstrengung, mit hohem Zeitverlust verbunden und über Umwege bei der VP ankommt oder bis auf wenige Meter den Endpool einkreist.

Die Körperhaltung

Unser Augenmerk richtet sich sowohl auf die Körperhaltung insgesamt, als auch auf bestimmte Körperpartien wie Hände und Arme, die beim Trailen vor allem im Innenstadtbereich unter Ablenkung von außen eine große Rolle spielen, da sie die Körperspannung des Hundes beeinflussen. Die Körperhaltung sollte aufrecht oder leicht nach hinten geneigt sein, der Rücken und die Schultern bleiben gerade und möglichst locker. Dies bewirkt Spannungsaufbau beim Hund (vor allem wichtig in der Lernphase). Kippt die Nase des Hundes daraufhin ab, muss man etwas Leine nachgeben. Ein gutes Leinenhandling unterstützt die Suchausdauer und Konzentration des Hundes auf die Spur („steadiness"). Aber: Nicht gegen die Bewegung des Hundes arbeiten oder im Rücken oder der Führhand fest werden.

Der Kontakt über die Leine fördert ein ruhiges und ausdauerndes „Nach-vorne-Arbeiten" des Hundes (steadiness).

Die Körperhaltung des Hundeführers

- Die Körperhaltung sollte insgesamt locker entspannt, aber nicht zu lasch sein. Wichtig ist dabei, auf die Körperspannung zu achten, ohne zu verkrampfen oder sich im Rücken festzumachen und somit Gefahr zu laufen, gegen die Bewegung des Hundes zu arbeiten.
- Die Atmung spielt eine sehr große Rolle, wenn man flüssig trailen und dem Hund Sicherheit geben möchte. Wichtig ist es, nicht in den oberen Brustbereich, sondern vor allem auch in den Bauch zu atmen! Dadurch verlagert sich der Schwerpunkt automatisch etwas tiefer nach unten. Das gibt dem Hundeführer insgesamt mehr Stabilität. Manchmal läuft der Hundeführer Gefahr, vor Anstrengung und Konzentration phasenweise die Luft anzuhalten. Das kann unter anderem bewirken, dass der Hund verhalten läuft oder am Start nicht losgeht.
- Der Körperschwerpunkt sollte im Bauch- bzw. Hüftbereich liegen. Meist verlagert der Hundeführer seinen Schwerpunkt zu weit nach oben, aufgrund einer nicht optimalen Armhaltung und zu wenig Spannung in Bauch und Rücken.
- Der Oberkörper sollte aufrecht, die Schultern locker gehalten werden. Je nach Temperament und Ausbildungsstand des Hundes den Oberkörper eher leicht nach hinten lehnen. Auf keinen Fall nach vorne kippen (außer beim Trailen bergauf), denn das bedingt einen erheblichen Spannungsverlust und verhindert bei den meisten Suchhundetypen eine deutliche Körpersprache.
  Ein nach vorne geneigter Oberkörper fördert beim Hund das „Faseln“ (= unkonzentriertes Arbeiten, Nachlassen der Konzentration. Äußert sich unter anderem durch Schnüffeln und Pinkeln vor allem bei Richtungsentscheidungen).
- Dem Hund flüssig hinterhergehen, nicht gegen die Bewegung des Hundes arbeiten.

Das Leinenhandling

Die richtige Bewegung und das Zusammenspiel der Hände und Arme sind beim Trailen sehr wichtig, da sie über die Leine die direkte Verbindung zum Hund darstellen.

Ellbogen und Unterarme des Hundeführers

- Die Ellbogen werden leicht an den Körper angelegt, ruhen etwas oberhalb der Hüfte.
- Die Unterarme werden locker vor dem Bauch hergetragen. Sie hängen nicht herunter und werden auch nicht nach vorne gestreckt. Der Winkel sollte ca. 90° betragen.
- Wird die Leine rausgegeben, beispielsweise in die Kreuzung oder beim weichen Nachgeben, wenn der Hund tief in die Spur eintaucht, gehen die Arme leicht nach vorne. Die Führhand öffnet sich, gibt die Leine frei. Nachdem die Leine wieder eingeholt wurde, werden die Hände/Arme wieder näher am Körper gehalten und bleiben dort „stehen“.

Wichtig: Dabei immer geschmeidig und weich führen, nie „hart“.

Hände und Handgelenk des Hundeführers

Beide Arme/Hände haben unterschiedliche Aufgaben; es gibt die Führhand und die Hand, die zuarbeitet.

Bei Rechtshändern ist meist die linke Hand die Führhand. Beide Hände werden leicht versetzt hintereinander gehalten. Die Führhand ist dabei die vordere Hand. Sie ist dafür zuständig, dem Hund auf dem Trail die nötige Sicherheit und Stabilität zu geben, damit er konstant durcharbeitet („steadiness"), und um die Körperspannung im Hund zu halten. Zudem fängt sie den Hund weich ab und erzeugt bei richtiger Leinenführung die nötige Geschmeidigkeit, um das Team auf dem Trail „im Fluss" zu halten. Achtung: Wird die Führhand falsch eingesetzt, wird der Hund zu hart geführt und bekommt Rucks über die Leine, die ihn leicht bei der Sucharbeit irritieren können. Wird der Hund regelmäßig zu „hart" getrailt, besteht die Gefahr, dass er in der Körpersprache abstumpft. Die hintere Hand holt die Leine zügig ein oder lässt sie soweit raus, wie es gerade benötigt wird.

Der Weimaraner wird aufgrund seines starken „Findewillens" für das ManTrailing sehr geschätzt.

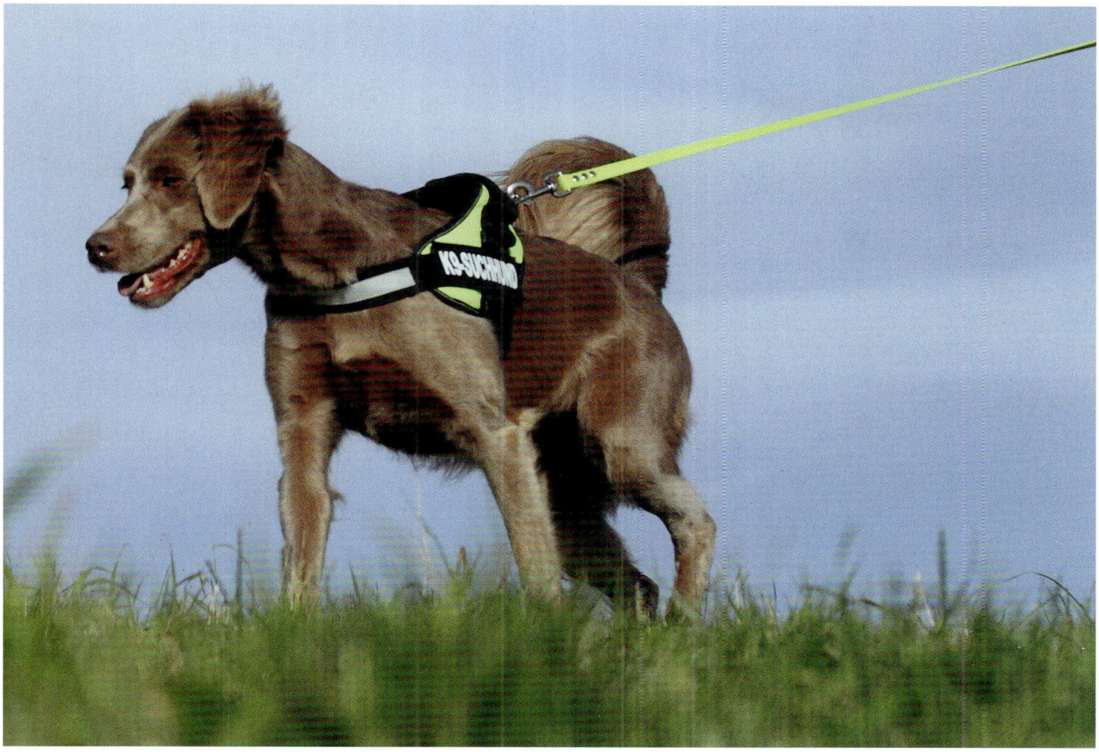

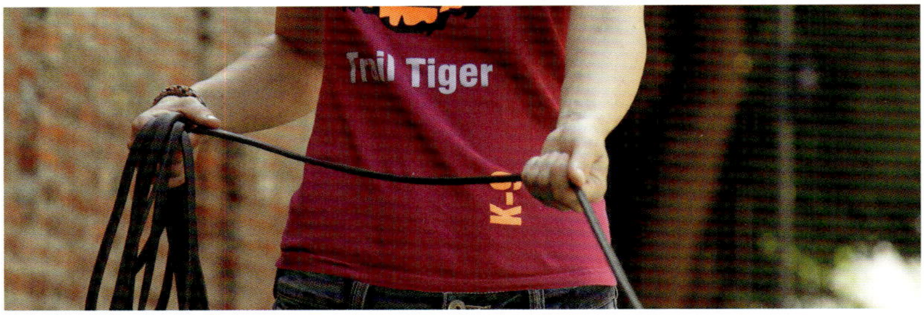

Offener Griff

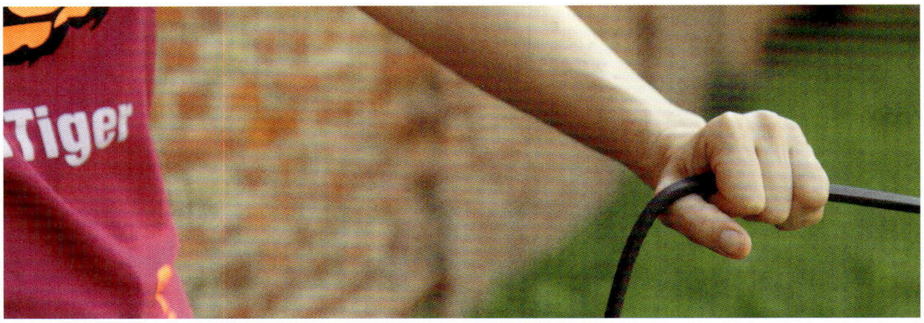

Geschlossener Griff

Es gibt zwei verschiedene Arten, die Leine mit der Führhand zu halten, je nach Temperament des Hundes.

1) „Offener Griff“

Die Handfläche zeigt hierbei nach oben. Der offene Griff wird bei kleinen Hunden oder Hunden, die nicht an der Suchleine ziehen angewandt.

2) „Geschlossener Griff“

Das Handgelenk wird wie beim Englisch Reiten vertikal aufgestellt. Dieser Griff wird bei größeren Hunden angewandt oder bei Hunden, die stärker nach vorne arbeiten, da man sie so gut halten kann. Zudem kann man die Leine gut „stehen lassen“, was einen Spannungsaufbau im Hund und ein Abkippen der Nase nach unten („vorwärts – abwärts“) bewirkt. Der Hund arbeitet straight, ruhig und konzentriert. Eine höhere Handhaltung wirkt dem „Pendeln“ entgegen. Wichtig ist, dass das Handgelenk nicht instabil ist und wackelt. Doch Vorsicht: Nicht „an der Leine festhalten“, die Führung muss insgesamt weich bleiben. Gibt man dem Hund Leine nach, kippt man bei dieser Leinenhaltung die Handfläche horizontal und nach vorne ab, sodass der Handrücken nach oben zeigt.

Beim Einholen der Leine ist es wichtig, hinter die Führhand zu greifen und nicht davor.

Einholen der Leine

Holt man die Leine wieder ein, ist es wichtig, hinter die Führhand zu greifen und nicht davor, da man sonst leicht Knoten in die Leine bekommt und sie sich verheddert. Zudem erreicht man mit der richtigen Leinentechnik, dass die Spannung erhalten bleibt und die Leine nicht durchhängt. Nutzt man beim Einholen die Spannweite der Arme aus und macht große Schlaufen, kann man viel Zeit beim Leineeinholen sparen! Das erleichtert die Arbeit vor allem mit schnell arbeitenden Hunden.

Um Rucks zu vermeiden, ist es vor allem bei schneller arbeitenden Hunden von Vorteil, mit der Leine immer „einen Schritt voraus" zu sein, indem hinten schon nachgegriffen wird, bevor der Hund z. B. umdreht. Wird der Trailfluss unterbrochen, ist meist der Hundeführer mit der Leine zu langsam. Dies macht sich unter anderem bemerkbar, wenn man mit der Leine irgendwo hängen bleibt, z. B. an einem Laternenpfosten, oder sich die Leine um ein Hundebein wickelt. Steht ein Objekt im Weg und man kann nicht ausweichen, ist es am besten, die Leine fallen zu lassen und hinter dem Objekt schnell wieder aufzunehmen. Natürlich beachtet man in erster Linie die Sicherheit des Hundes. Passiert dies an einer stark befahrenen Straße, sollte man die Leine keinesfalls aus der Hand geben, sondern den Hund lieber anhalten.

Verwendet man hierfür ein zuvor konditioniertes Kommando (z. B. „Warte“), stellt eine Unterbrechung der Suche für den Hund in der Regel auch kein Problem dar. Werden die Trails später anspruchsvoller und länger, muss der Hund sowieso lernen, auf der Spur auch mal eine Pause einzulegen und danach wieder weiterzuarbeiten. Je nach Länge der Unterbrechung und je nachdem, wie stark die Ablenkung auf dem Trail ist, benötigt man hierfür normalerweise nicht nochmals den Geruchsartikel. Ein einfaches „Weiter“ oder „Zeig's mir“ reicht zum Aufnehmen der Suche in der Regel aus.

Zusammenfassung Führhand

- Sie gibt dem Hund Sicherheit und Stabilität in seiner Körpersprache, erhöht die Suchkonzentration („steadiness“) auf dem Trail, unterstützt die Körperspannung des Hundes.
- Entgegensteuern mit etwas höherer Handhaltung wirkt gegebenenfalls Pendeln oder Kreiseln (siehe unter Suchhundetyp V, S. 77) entgegen. Die Führhand fängt den Hund weich ab und erzeugt bei richtiger Leinenführung die nötige Geschmeidigkeit, um das Team auf dem Trail „im Arbeitsfluss“ zu halten.
- Wird die Führhand falsch eingesetzt und der Hund zu hart geführt, besteht die Gefahr, dass er in der Körpersprache abstumpft.
- Mit der Führhand darf man sich nicht an der Leine „festhalten oder ziehen“. Kippt die Nase des Hundes ab und er taucht in die Spur ein (vorwärts – abwärts), Leine weich nachgeben!

Suchleistung des Hundes

Die Suchleistung des Hundes wird vom HF unterstützt durch:

1. die Körpersprache des Hundeführers,
2. ein flüssiges Leinenhandling (Timing),
3. die richtige Positionierung bei der Kreuzungsarbeit (S. 78 ff.),
4. das Lesen des Hundes (durch den HF).

Beherrscht der Hundeführer alle vier Punkte, bewirkt dies:

- ein flüssiges Arbeiten des gesamten Trails
- ein Verdeutlichen (Formen) der Körpersprache des Hundes

=> durch das punktgenaue Trailen und exakte Timing (wann mache ich was – Leine geben, Tempo raus etc.)

Der Geruch fängt sich häufig am Ufer von Gewässern.

- eine Erhöhung der Suchkonzentration des Hundes („steadiness“)

=> Steadiness bedeutet, dass der Hund seine Arbeit konstant konzentriert leistet. Der Hund bleibt über Körperspannung den gesamten Trail motiviert.

=> Der Hund kann sich in die Spur „hineinträumen“, da er den Hundeführer nicht bewusst wahrnimmt (wie eine gut sitzende Brille).

- eine Erhöhung der Suchausdauer des Hundes

=> Durch die Geschmeidigkeit entsteht eine gewisse Leichtigkeit in der Arbeit (Flow).

=> Der Hund muss sich nicht ständig gegen den Hundeführer durchsetzen (z. B. Richtungsentscheidung), was Kraft spart.

- eine Steigerung des Selbstbewusstseins

=> Der Hund wird durch falsches Trailen verunsichert, richtig angewandt, erhöht es das eigenständige Lösen der Aufgabe als Team.

=> Der Hund hat einen echten Job.

=> Lösen von Blockaden durch verbesserte Körpersprache.

Die Grundstufen (BasicTrailing)

Das 3-Stufen-Phasen-Modell

Das Training wird immer individuell auf jeden Hund abgestimmt. Deshalb unterscheiden wir die verschiedenen Suchhundetypen (siehe S. 70 ff.) und gehen auf den aktuellen Leistungsstand des jeweiligen Hundes ein. Ein Hund in der Trainingsphase I (Lernphase) darf einen Trail anders arbeiten als ein Hund, der sich bereits in der Trainingsphase II (Arbeitsphase) befindet.

Wir unterscheiden die drei Ausbildungsstufen:
1. Grundstufe (Weiß bis Grün)
2. Leistungsstufe (Blau und Braun)
3. Profistufe (Rot und Schwarz)

Die Farben in den unterschiedlichen Stufen legen den Schwierigkeitsgrad eines Trails fest. Dadurch weiß jeder Trail-Leger genau, was er für den jeweiligen Leistungsstand des Teams legen darf (auch wenn er es nicht persönlich kennt), und der Hundeführer kann einschätzen, auf welchem Leistungsstand er sich mit seinem Hund befindet. Der Schwierigkeitsgrad eines Trails lässt sich festlegen über:
- die Länge des Trails
- das Alter des Trails (die Liegezeit insgesamt und verschieden alte Spuren der VP im Trail-Gebiet)
- zusätzlich eingebaute Schwierigkeiten (wie P, Pool etc.)
- das Trail-Gebiet (Ort, Stadt, Wald) und die Ablenkung (Straßenverkehr, Menschen, Tiere)

Das Training wird individuell auf jeden Hund abgestimmt und dessen Leistungsstand angepasst.

Wir unterscheiden die drei Ausbildungsphasen:
1. Lernphase (Weiß und Orange)
2. Arbeitsphase (Grün)
3. Mentalphase (Blau bis Schwarz)

Die Phasen beziehen sich darauf, wie das Team die Trails arbeitet und wie der Trail-Leger oder Trainer das Team führen kann. Doch auch bei erfahrenen Teams, die in der Arbeits- oder Mentalphase sind, wird im Training zu ca. 60–80% eine Phase darunter trainiert! Leider sehen wir immer wieder „übertrainierte“ Hunde, denen die Freude am Trailen fehlt.

1. Grundstufen

Phase I: Die Lernphase

Das Team wird relativ nah auf der Spur gehalten, die Trails möglichst flüssig gearbeitet. Die Motivation des Hundes und das Ausbilden der Körpersprache stehen im Vordergrund. Der Hund wird immer im grünen Bereich gehalten.

Weiß und Orange

Phase II: Die Arbeitsphase

Das Team wird noch nah an der Spur gehalten, kommt aber auch mal von der Spur ab und arbeitet sich auf die Spur zurück. Die Problemlösung im Team und das Lesen des Hundes (durch HF) steht im Vordergrund. Der Hund wird im grünen bis gelben Bereich gehalten.

Grün

Phase III: Die Mentalphase

Das Team läuft regelmäßig ohne Führung (leicht geführt, ungeführt, blind). Das eigenständige Lösen der kompletten Aufgabe steht im Vordergrund sowie das konstante Arbeiten der Spur. „Tough enough" bei psychischer/physischer Belastung und hoher Ablenkung.

Leistungsstufen Blau und Braun; Profistufen Rot und Schwarz

2. Leistungs- und 3. Profistufen

Die Grundstufen

Weiß

Diese Stufe beinhaltet die ersten EntdeckerTrails und die darauf folgenden AufbauTrails. Die Trails werden primär One-Way gelegt, ab ca. dem 3. Training, wenn der Hund Geruchsartikel und Spur mit der VP verknüpft hat, können auch alte Spuren der VP (gemäßigt) darunter liegen. Die Trail-Länge reicht von ca. 20 Metern (EntdeckerTrails) bis zu 200 m. Hinzu kommt leichte Kreuzungsarbeit und nach und nach alle Untergründe (wenig große, offene Flächen, wenig Ablenkung). Der Hund muss die VP noch nicht anzeigen, sollte aber deutlich zu ihr hingehen.

Trainingsbeispiele

a) Weiß leicht: siehe EntdeckerTrails, S. 32 ff.

b) Weiß mittel: 80 Meter Trail, One-Way (= eine Spur, die von VP nicht nochmals gekreuzt wird, also ohne zusätzlich eingebaute Schwierigkeiten wie „P" etc.) gelegt, Liegezeit keine (frisch), von VP nicht kontaminiertes, beruhigtes Wohngebiet. Hund wird in Trail-Richtung auf einem schmalen Kiesweg mit einem weichen Geruchsartikel (z.B. Socke) angesetzt. Nach 20 Metern zwei Richtungsentscheidungsmöglichkeiten (ein zweiter Kiesweg kreuzt), die Spur führt beispielsweise nach links auf den zweiten Kiesweg ca. 30 Meter weiter. Eine beruhigte, asphaltierte Straße kreuzt, Trail führt weiter nach rechts, ca. 30 Meter die Straße entlang. Die VP sitzt nicht sichtbar hinter einem geparkten Auto (siehe Zeichnung unten).

c) Weiß schwer: 150 Meter Trail, One-Way gelegt, Liegezeit frisch, von VP leicht kontaminiertes Gebiet (z.B. für letzten Hund in erstem Trainingsdurchgang mit vier Hunden), beruhigtes Randgebiet in Innenstadt. Hund wird in Trail-Richtung auf einem kleinen Platz mit drei Richtungsentscheidungsmöglichkeiten (10 Meter bis Abgang) angesetzt. Trail führt ca. 30 Meter die Straße entlang auf der rechten Gehwegseite, dann Straßenwechsel auf linke Gehwegseite, nach weiteren 20 Metern geradeaus folgt eine Richtungsentscheidung (Straße führt geradeaus weiter, links führt Fußgängerweg ab). Der Trail geht links ab. Nach 50 Metern erneute Richtungsentscheidung (breiter Kiesweg am Flussufer entlang kreuzt, zwei Möglichkeiten). Die Spur führt nach rechts. Nach 30 Metern geradeaus geht links ein atypischer Abgang die

Trail „Weiß mittel" (b)

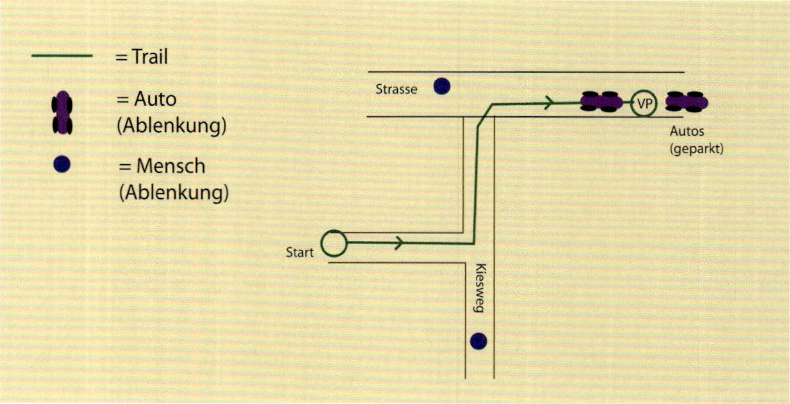

(nicht sehr steile) Böschung hinab, die VP sitzt hinter einem Baumstamm oder Busch am Flussufer/Kiesbett. (Weit genug weg vom Fluss natürlich, damit das Team nicht ins Wasser abrutscht.)

Orange

Die Stufe Orange beinhaltet zu 50% das, was in den höheren Stufen als MotivationsTrails bezeichnet wird, wenn in einem ablenkungsarmen Wohngebiet trainiert wird, da die Trails primär One-Way gelegt werden und nicht so lang sind (200–300 Meter). Im Vergleich zur weißen Stufe kann in den anderen 50% auch einmal mehr Ablenkung und schwierigere Geruchsumgebung wie Plätze, Durchgänge, kleine Brücken etc. vorkommen und die Anzeige des Hundes der VP (z. B. durch Vorsitzen) wird mit eingebaut. Läuft der Hund diese Trails sicher, beginnt man bereits mit kurzen LernTrails, indem man nach und nach einzelne Schwierigkeiten („P", Pool, Differenzierung etc.) trainiert. Wichtig ist hierbei, dass der Hund nach der Lösung der Schwierigkeit (z. B. „P") nicht noch lange weitersuchen muss, sondern relativ schnell bei der VP ankommt und für die Lösung zeitnah bestätigt wird (VP sitzt nach 20–30 Metern nach gelegter Schwierigkeit).

Trainingsbeispiele

a) Orange leicht: wie Trail Weiß c) schwer, aber mit etwas mehr Ablenkung (mehr Menschen, Autos und Fahrradfahrer unterwegs) oder von VP stärker kontaminiertem Gebiet (z. B. für letzten Hund in zweitem Trainingsdurchgang).

*Trail „Weiß schwer" (c)
Der Trail führt hinunter an ein steiniges Flußufer.*

b) Orange mittel: 250–300 Meter Trail, One-Way gelegt, frisch, von VP kontaminiertes Gebiet. Leicht belebte Innenstadt (z.B. Mittwoch Mittag). Start an von VP kontaminierter, mittelgroßer Straßenkreuzung mit vier Richtungsentscheidungsmöglichkeiten. Der Trail führt geradeaus über die Kreuzung, rechte Straßenseite. Kurz nach der Kreuzung Wechsel auf die linke Straßenseite. Trail führt weiter geradeaus, an Geschäften und Cafés entlang (bis hierher ca. 100 Meter). Nächste Kreuzung mit drei Richtungsentscheidungsmöglichkeiten. Nach rechts geht eine kurze Verleitung (Hin und Back), der Trail führt aber links ab, linke Straßenseite. Nach 10 Metern führt der Trail über die Straße nach rechts (Seitenwechsel) in einen kleinen, schmalen Durchgang. Nach 20 Metern erneute Richtungsentscheidung. Die Spur geht über einen kleinen Platz, von dort über eine kleine Brücke (Bach). (Bis hierher 150 Meter). Wir kreuzen einen Kiesweg und trailen geradeaus weiter auf eine Wiese. Schräg diagonal (links) führt die Spur darüber bis zur kreuzenden Straße. Der Trail führt weiter geradeaus über die Straße (Seitenwechsel), dann nach links. Die VP sitzt rechts in einer offenen Garage.

Trail „Orange mittel" (b)

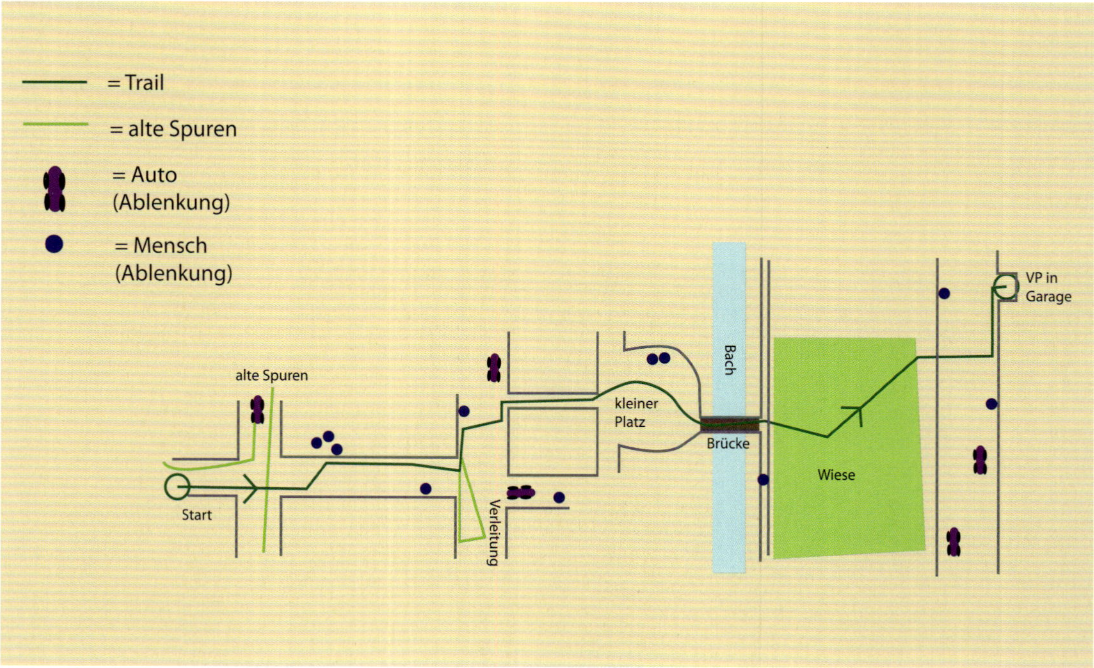

Der orange geprüfte Australian Shepherd ordnet sich vor der Kreuzung bereits auf der linken Straßenseite ein, da die Spur nach links abgeht.

c) Orange schwer: 200 Meter Trail, frisch, von VP leicht kontaminiertes Gebiet, belebte Innenstadt (z. B. Freitag Mittag). Start auf Parkplatz, Abriechen am Autositz der VP. Der Trail führt über den Parkplatz und an der Straße entlang. Straßenwechsel und links in einen schmalen Durchgang mit Geschäften und Cafés (Passage), Schiebeglastüre. Nach der Passage führt die Spur nach rechts und Treppen hinunter (Unterführung), dort sitzt VP.

Grün

a) Grün leicht: 250 Meter, von VP leicht kontaminiertes Gebiet, ruhiges Wohngebiet. Start auf Straße, drei Richtungsentscheidungsmöglichkeiten. Der Trail führt geradeaus über die Straße auf einen kleinen Weg zwischen zwei Wohnblöcken hindurch (20 Meter). Links ab auf eine Wiese, dort Geruchspool (ca. 5 Minuten) der VP, die auf einer Bank saß. Die VP lief Zick-Zack zwischen Büschen und Sträuchern und ein kleines „P" (Loop) um einen Baum herum. Nach der Wiese geht es rechts ab über einen kleinen Parkplatz und dort durch ein Loch in einer Hecke hindurch auf die Straße (bis hier ca. 150 Meter). Rechts entlang und wieder rechts in ein leer stehendes Gebäude. Dort sitzt die VP.

a) Grün mittel: 200 Meter, von VP kontaminiertes Gebiet, ruhiges Wohngebiet. Start 3 Meter weg vom Trail, quer zur Trail-Richtung auf einer Wiese (5 Richtungsentscheidungsmöglichkeiten). Der Trail führt auf die Straße und nach rechts, die Straße entlang. Unterwegs weitere Richtungsentscheidungsmöglichkeiten (kleinere Straßen oder Wege), die der Hund trotz alter Spuren der VP darunter ausschließen muss. Um den letzten Straßenblock wird ein „P" gelegt (bis hier ca. 150 Meter, nach Lösung des „Ps" noch 40 Meter zur VP). Die frischeste Spur geht nach rechts. Straßenwechsel und links ab in die Straße. Dann rechts ab in die Straße, dort sitzt die VP hinter einem Kasten.

c) Grün schwer: 300 Meter, von VP stärker kontaminiertes Gebiet (z. B. letzter Trail am Ende der Trail-Stunde), belebtes Stadtgebiet. Start aus Pool auf einem Platz (5 Richtungsentscheidungsmöglichkeiten). Der Trail führt über eine kleine Brücke, rechts, eine Verleitung/Hin&Back geht weiter geradeaus, die frischeste Spur geht aber gleich wieder links durch ein offenes Tor über einen Innenhof nach hinten wieder hinaus, links abbiegen in die Fußgängerzone. Rechts über einen kleinen Platz

Trail „Grün mittel" (b)

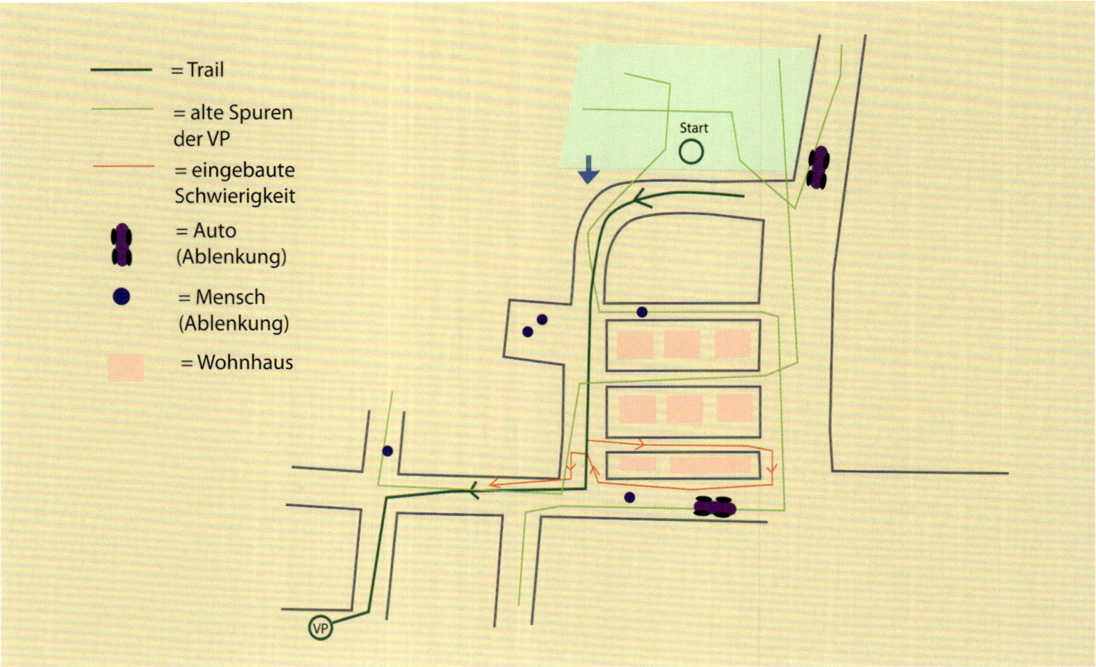

mit Brunnen, um den Brunnen liegt ein kleines „P“ (Loop). Geradeaus, rechts die Treppe hinunter in eine Fußgängerunterführung, darin geht es links, Treppe wieder hinauf. Links an der Häuserzeile entlang, VP steht im Eingang einer Buchhandlung.

Die Grundstufenausbildung sollte mit Ruhe und Zeit angegangen werden, da es die Basis darstellt, auf der später aufgebaut werden kann, wenn weiterführend mit dem Hund gearbeitet werden soll. Für die BasicTrailer und die meisten TheraTrailer ist nach der Stufe Grün die (Trail-)Ausbildung abgeschlossen. Bis dahin sollten Hund und Hundeführer das Nötige gelernt haben, um gut und richtig mit dem Hund arbeiten zu können, ohne ihn durch zu schwer gelegte Trails zu überfordern oder durch eine schlechte Führung (Leinenhandling, Körpersprache) zu verunsichern. Als ungefähre Zeitangabe lässt sich sagen, dass – je nach Eignung, Suchhundetyp, Trainingsaufwand … – die Grundstufenausbildung mindestens 1 Jahr dauern sollte. Beginnt man diese mit einem Hund, der unter sechs Monate alt ist, oder hat der Hund ein Problem, an dem vordergründig gearbeitet wird (TheraTrailen), muss man mindestens ein halbes Jahr hinzurechnen.

Die Grundausbildung stellt die Basis dar, auf die später weiter aufgebaut werden kann.

Die 3 Phasen

Phase I: Die Lernphase

Der Hundeführer lernt, mit der Leine umzugehen und den Hund möglichst wenig bei der Arbeit zu stören. Das Team erhält Unterstützung vom Trail-Leger (Trainer) und wird relativ nah auf der Spur gehalten. Es besteht wenig Ablenkung durch die Umgebung. Kurze Trails haben eine Länge bis 300 Meter und es werden primär One Way-Trails gelegt, alte Spuren der VP unter dem Trail sind in Ordnung. Die Motivation und das Ausbilden der Körpersprache von Hund und Hundeführer stehen im Vordergrund. Hierbei ist das Timing des Trainers besonders gefragt. (Grundstufen Weiß und Orange)

Phase II: Die Arbeitsphase

Der Hundeführer lernt, die Körpersprache des Hundes selbstständig zu lesen und die eigene Körpersprache bewusst einzusetzen, ohne dem Hund eine Richtung vorzugeben. Er plant die Umgebung mit ein und behält auch bei höherer Ablenkung die Ruhe und Übersicht. Das Team erhält nun wenig Hilfe vom Trainer. Die Trails sind in der Regel mittellang, außer es wird eine bestimmte Schwierigkeit zum ersten Mal trainiert, dann wird der Trail verkürzt. Die Suchausdauer und Konzentration wird langsam gesteigert. Schwierigkeiten wie P, Pool oder lange Geraden werden trainiert. Das Lesen des Hundes ohne Hilfe des Trainers und das flüssige Trailen gemeinsam als Mensch-Hund-Team stehen im Vordergrund. (Grundstufe Grün)

Phase III: Die mentale Phase

Die dritte Phase spielt nur in der Leistungsklasse (Sport- und ManTrailen) eine Rolle. Hierbei müssen Hund und Hundeführer auch bei psychischer Belastung (Prüfung, Einsatz) stark genug sein und dürfen die Leidenschaft und den Spaß am Trailen trotzdem nicht verlieren. Hier zeigt sich, ob der Hundeführer auch in Situationen, in denen der Hund sich schwer tut, die Übersicht behält und die Kräfte des Hundes richtig einteilen kann. Ebenso, ob der Hund stark genug ist, um die Aufgabe zu lösen und sich bis zum Ziel (der VP) „durchbeißt". (Leistungsstufen Blau und Braun; Profistufe Schwarz). Ebenso wichtig ist, dass der Hundeführer seine eigene Belastbarkeit und die seines Hundes einschätzen kann und den Hund nicht überfordert.

Trainingsbeispiele

Folgende Beispiele geben nur eine ungefähre Trainingsrichtlinie vor. Natürlich variiert das Training je nach Team, Trainingsmöglichkeit, Verfassung etc.

a) Ein Team befindet sich bereits eine Weile auf dem Farbniveau Orange. Es werden zu ca. 50% Trails der Stufe Orange gelegt und 50% der Stufe Grün. Das Team wird zu ca. 50% in der Lernphase trainiert und zu 50% in der Arbeitsphase. Der Trail-Leger führt dementsprechend mehr oder weniger (ca. nach 6–9 Monaten Trail-Zeit).

b) Ein Team befindet sich bereits eine Weile auf dem Farbniveau Grün. Es werden zu ca. 50% Trails der Stufe Orange gelegt, 50% der Stufe Grün, 20% der Trails beinhalten blaue Elemente (Ablenkung, Alter etc. erhöhen). Dementsprechend wird das Team zu ca. 30% in der Lernphase trainiert, zu 50% in der Arbeitsphase. Der Trail-Leger führt dementsprechend (ca. nach 10–18 Monaten Trail-Zeit).

c) Ein grün geprüftes Team will in die Leistungsstufe Blau einsteigen. Es werden zu ca. 30% Trails der Grundstufe Orange gelegt, 40% der Grundstufe Grün und 30% aus der Leistungsstufe Blau. Dementsprechend wird das Team zu 40% in der Arbeitsphase und nur 30% in der Mentalphase trainiert. Der Trail-Leger führt dementsprechend (ca. nach 24 Monaten Trail-Zeit).

d) Ein Team aus der Profistufe hat bereits die schwarze Prüfung erfolgreich abgelegt. Es werden dennoch zu ca. 30% für den Hund „lustige" Trails der Grundstufe Orange gelegt (als leichte Motivations-Trails, wobei diese nicht immer „frisch" sein sollten, sondern auch regelmäßig ab 6 Stunden aufwärts), 50% der Grundstufe Grün (Lernerhaltung z. B. „P") und 20% Trails aus der Profistufe Schwarz (alte, anspruchsvolle Trails, Negativs). Dementsprechend wird das Team zu 50% in der Arbeitsphase und nur 20% in der Mentalphase trainiert. Abweichungen je nach Einsatzhäufigkeit und Suchhundetyp. Der Trail-Leger führt wie vom Hundeführer gewünscht, da dieser selbst seinen Trainingsstand einschätzen kann. Geht ein Team häufig in den Einsatz, sollten im Training entspannende Trails folgen.

Das Training wird individuell auf jeden Hund abgestimmt und dessen Leistungsstand angepasst.

Die Körpersprache des Hundes

Die Körpersprache des Hundes variiert, je nachdem zu welcher Kategorie Suchhundetyp er gehört (siehe S. 70 ff.). Es gibt auch Mischtypen aus zwei oder mehreren Suchhundetypen. Mit der Zeit hat der Hundeführer so viel Erfahrung im Lesen seines Hundes gesammelt, dass er nicht nur erkennt, ob der Hund auf der Spur ist oder nicht, sondern auch, wo noch eine alte Spur unter der frischen liegt und in welche Richtung diese läuft, wo sich ein Pool befindet usw. Das ist vor allem im Profibereich relevant, wenn ManTrailer eine „Geschichte" über die Spur erzählen können. Dies findet Verwendung bei Spurrekonstruktionen, wenn eine Person tot oder verletzt aufgefunden wurde und die ManTrailer herausfinden müssen, woher die Person kam (siehe S. 136) oder wenn z. B. eine Bank überfallen wurde und der Fluchtweg des Täters vom (z. B. Polizei-)ManTrailer aufgezeigt werden soll. Erkennt der Hundeführer dann beispielsweise eine Stelle als Pool, kann dort gezielt abgesucht werden (Büsche o. Ä.) und es werden unter Umständen Gegenstände des Täters gefunden (Maske, Waffe etc.). Um die Körpersprache seines Hundes zuverlässig deuten zu können, benötigt der Hundeführer viel Trail-Erfahrung, bei der er sein Auge und das Gefühl für den Hund schulen kann. Bei aller Trail-Technik ist es dennoch am Wichtigsten, seinen Hund zu spüren. Ein körpersprachliches Signal bedeutet auch nicht immer dasselbe. Beispielsweise kann ein Hund auf dem Trail hin- und herpendeln, weil die Geruchsverhältnisse das erfordern oder weil er unsicher ist.

Die wichtigsten Körpersignale des Hundes (je nach Suchtyp)	
Körperhaltung allgemein	Flach langgezogen oder quadratisch hoch
Das Laufen betreffend	Schnell oder langsam laufen, Pass gehen, hoppeln, Rundrücken, Rücken wegdrücken und in den Boden einkrallen, pendeln, quergehen oder querstellen, stehen bleiben, kreiseln, hektisch hin- und herschießen
einzelne Körperteile betreffend	Ohrenspiel, Kopfhaltung, Stellung und Bewegung der Rute (Pendeln im Takt, Knickrute, Rute nach unten drücken oder aufstellen etc.), Beinbewegung (raumgreifend, Hochziehen der Beine, tippeln)

Besondere Merkmale

Da jeder Hund auf seine Art individuell ist, ist es natürlich schwer, ihn in eine bestimmte „Suchtyp-Schublade“ zu stecken (es kommen auch Mischtypen vor). Dennoch hat das jahrelange Ausbilden der unterschiedlichsten Rassen im Trailen gezeigt, dass die Art und Weise, wie ein Hund sucht, wenn er optimal trainiert wird, bestimmte Merkmale aufweist, die sich wiederholen und nicht unbedingt rasseabhängig sind.

Einteilung der Suchtypen I–IV

Wie ein Hund sucht, hat nur bedingt etwas mit seiner Rasse zu tun. Es gibt natürlich einen Großteil Hunde in einer Rasse, die wahrscheinlicher einem bestimmten Suchtyp zuzuordnen sind (z. B. Hovawart am wahrscheinlichsten „Kombinierer“ Suchtyp III, am unwahrscheinlichsten „der Gewissenhafte“ Suchtyp I). Dennoch kann es sein, dass zwei Vertreter derselben Rasse unterschiedliche Suchtyp-Merkmale aufweisen. So kann z. B. ein Labrador Retriever ein „Stürmer“ sein (Sondertyp zu IV), ein anderer Labrador ist aber im Gegenteil „der Sensible“ (Suchtyp V; betrifft vor allem Field Trial Labradors). Verantwortlich dafür sind Genetik, Zuchtlinie, Haltung, Art und Weise der Trail-Ausbildung, Körpersprache des Hundeführers, Beziehung zum HF.

Mit den Jahren haben sich folgende (hier nur grob skizzierte) Kriterien herauskristallisiert, die von verschiedenen Trainern in den Trainingsstunden bewertet wurden:

1) Die Suchmotivation des Hundes auf dem Trail wird durch verschiedene Merkmale sichtbar wie Verhalten am Start, Wedeln der Rute bei Riechen am Geruchsartikel, Zug auf die Leine, Suchtempo, „private“ Tätigkeiten nebenbei, etc.

2) Die Selbstsicherheit auf dem Trail lässt sich beispielsweise daran erkennen, wie der Hund reagiert, wenn er von der Spur abkommt oder eine Schwierigkeit („P“ etc.) lösen soll. Ist er nicht selbstsicher, kann der Hund schnell rückorientiert zum Hundeführer werden (Hilfe suchend zurückschauen, anspringen, hinsetzen etc.). Ist er dagegen selbstsicher, wird er bemüht sein, eigenständig weiterzusuchen und sich „durchzubeißen“.

3) Die Körpersprache des Hundes auf dem Trail variiert stark; je nach Suchtyp gibt es Merkmale, an denen sich erkennen lässt, ob der Hund auf der Spur ist oder nicht. Ist die Körpersprache des Hundes wenig deutlich, kann der Hundeführer schlecht erkennen, wenn der Hund die Spur verlassen hat. Der Hund dreht unter anderem schlecht um, wenn er in die falsche Richtung abgebogen ist. Ist die Körpersprache des Hundes sehr deutlich, dreht er auch deutlich um.

4) Konzentrationsfähigkeit, 6) Suchtempo und 11) Ausdauer sind selbsterklärend.

5) Selbstständige Problemlösung bezieht sich beispielsweise auf das Lösen eines „P“s oder Pools.

7) Die Ablenkbarkeit bezieht sich auf Einflüsse von außen, beispielsweise Pinkelstellen anderer Hunde, fremde Hunde auf dem Trail, Straßenverkehr etc., wie sehr sich der Hund von seiner Sucharbeit ablenken lässt (beispielsweise: fremder Hund kommt entgegen, der Suchhund sucht a) einfach an ihm vorbei oder b) bleibt stehen und will kontakten, sucht aber nach einem Signal des HF gleich weiter oder c) bellt oder knurrt ihn an, ist schwerer zur Weitersuche zu motivieren).
8) Aktives Umdrehen bedeutet eigenständiges Umdrehen zurück auf den Trail, nachdem der Hund die frischeste Spur verlassen hat (beispielsweise engen Abbieger verpasst oder alte Spur darunter).
9) Spurtreue bedeutet, dass der Hund die frischeste Spur nicht verlässt und auch nicht Teile mit hoher Nase abkürzt bzw. überbrückt.
10) Wiederaufnahme der Spur zeigt, wie gut ein Hund die frischeste Spur wieder annimmt, nachdem er diese verlassen und sich wieder zurückgesucht hat.
12) Suchintelligent ist der Hund, wenn er weit von der Spur abgekommen ist (z. B. durch Hundeführerfehler) und sich eigenständig auf die Spur zurückarbeitet oder sich an einem schwierigen Endpunkt oder großem Pool an die VP hinarbeitet. Ebenso, wenn ein Konflikt aus Spur vs. frischerer Witterung entsteht und er damit kein Problem hat.

Hier haben beide sichtlich Spaß am Trailen.

Ruhiges und geduldiges Warten auf den Einsatz

Der Gewissenhafte sucht mit tiefer Nase gründlich auf der Spur. Zu Trainingsbeginn benötigt er etwas mehr Zeit.

Suchhundetyp I: Der Gewissenhafte

1 Motivation	gering mittel bis hoch
2 Selbstsicherheit	niedrig mittel hoch
3 Körpersprache	wenig deutlich bis deutlich sehr deutlich
4 Konzentrationsfähigkeit	gering mittel hoch
5 Problemlösung	unselbstständig selbstständig sehr selbstständig
6 Suchtempo	langsam bis mittel schnell
7 Ablenkbarkeit	gering mittel hoch
8 Aktives Umdrehen	spät bis mittel früh
9 Spurtreue	gering mittel bis hoch
10 Wiederaufnahme der Spur nach Verlust	schlecht mittel gut
11 Ausdauer	wenig mittel viel
12 Suchintelligenz	gering mittel hoch

Dieser Suchtyp eignet sich besonders für: indoor; als Starthund aus dem Altenheim oder Wohnpool; auf frischer Spur (0–8 Std.)
Chancen für das Trailen in der Leistungsklasse: gut
Dieser Suchtyp eignet sich weniger für: –
Schwerpunkt Körpersprache des Hundes: Gründliches Buchstabieren mit sehr tiefer Nase, variiert stark im Tempo (wird langsam, wenn ihm eine Stelle schwerfällt). Benötigt leichten Kontakt über Leine zum HF. Dreht manchmal etwas spät um, wenn er die Spur verlassen hat.
Ausbildungsweg: Diesem Hund kann man bereits in der ersten Ausbildungsphase mehr Zeit auf dem Trail geben, da er penibel die Spur arbeiten wird. Der Hundeführer ist bei diesem Suchtyp nach Abschluss der Lernphase wenig gefragt. Wichtig ist, dass er erkennt, wann der Hund die Spur verlässt oder sich in einem Pool verzettelt, da er zum Switchen auf alte Spuren neigt. Auf diesen Punkt sollte gerade zu Beginn der Ausbildung mit dem Aufbau der Trails und dem genauen Führen Wert gelegt und der Hund nicht zu weit von der frischen Spur gelassen werden. Denn gewissenhaft arbeitende Hunde gehen gern mit tiefer Nase auch älteren Spuren oder Back-Trails der VP nach und drehen dabei erst spät um (Gefahr: Landkreissuche, Arbeiten über Ausschlussprinzip).
Häufig zu finden unter Vertretern folgender Rassen: Schweißhunde wie BGS oder Hannoverscher, Terrier, Beagle, Mops, ...

Suchhundetyp II: Der Gelassene

1 Motivation	gering mittel hoch
2 Selbstsicherheit	niedrig mittel hoch
3 Körpersprache	wenig deutlich deutlich sehr deutlich
4 Konzentrationsfähigkeit	gering mittel hoch
5 Problemlösung	unselbstständig selbstständig sehr selbstständig
6 Suchtempo	langsam mittel schnell
7 Ablenkbarkeit	gering mittel hoch
8 Aktives Umdrehen	spät mittel früh
9 Spurtreue	gering mittel hoch
10 Wiederaufnahme der Spur nach Verlust	schlecht mittel gut
11 Ausdauer	wenig mittel viel
12 Suchintelligenz	gering mittel bis hoch

Der Gelassene geht eher locker der Nase nach und benötigt wenig Unterstützung vom Hundeführer.

Dieser Suchtyp eignet sich besonders für: alles. Lange Strecken, da er ausdauernd ist; „Überland", da er keine Probleme mit offenen Flächen (Feld, Wiese) hat; Arbeit aus Wohnpool; Innenstadt.

Basis für Trailen in der Leistungsklasse: sehr gut

Dieser Suchtyp eignet sich weniger für: –

Schwerpunkt Körpersprache des Hundes: Arbeit sieht recht locker und lässig aus; Nase eher tief. Nimmt frischen Geruch, aber auch Witterung mit halbhoher Nase auf. Braucht nach der Grundstufe wenig bis gar keine Unterstützung vom Hundeführer, Leinenführung meist locker im Kontakt. Phasenweise muss vom Hundeführer wieder mehr kommen, da der Hund sonst Gefahr läuft, in der Suchkonstanz nachzulassen.

Ausbildungsweg: Hund kann normal und durchaus auch mit anspruchsvollen Aufgaben gefordert werden. Geringe Gefahr von Überforderung beim normalen Ausbildungsweg. In der zweiten Ausbildungsstufe (die er recht schnell erreicht) kann auch hier dem Hund mehr Raum gegeben werden, damit er seine eigene Suchtechnik entwickeln kann. Diese Art Hund sollte am Anfang nur nicht zu sehr sich selbst überlassen werden, da er dann ins andere Extrem umschlagen kann und Unsicherheiten und wenig Körpersprache zeigt. Vorsicht vor allem vor Motivationsproblemen. Bei zu wenig Körperspannung ist dieser Typ sonst schwieriger zu lesen.

Rassenbeispiele: Bloodhound, Golden Retriever, Molosser …

Suchhundetyp III: Der Kombinierer

1	Motivation	gering mittel **hoch**
2	Selbstsicherheit	niedrig **mittel bis hoch**
3	Körpersprache	wenig deutlich deutlich **sehr deutlich**
4	Konzentrationsfähigkeit	gering mittel **hoch**
5	Problemlösung	unselbstständig selbstständig **sehr selbstständig**
6	Suchtempo	langsam **mittel bis schnell**
7	Ablenkbarkeit	gering **mittel** hoch
8	Aktives Umdrehen	spät **mittel** früh
9	Spurtreue	**gering** mittel hoch
10	Wiederaufnahme der Spur nach Verlust	schlecht mittel **gut**
11	Ausdauer	wenig mittel **viel**
12	Suchintelligenz	gering mittel **hoch**

Dieser Suchtyp eignet sich besonders für: lange Strecken, da er sehr ausdauernd ist; gerne „Überland“, da er keine Probleme mit großen, offenen Flächen (Feld, Wiese) hat; Arbeit aus Wohnpool; Hinarbeiten an VP auch bei großem Endpool; sichere (Himmels-)Richtungsvorgabe.

Basis für Trailen in der Leistungsklasse: gut

Dieser Suchtyp eignet sich weniger für: indoor; exakte Spurbeschreibung (Rekonstruktionen); kann schwierig sein, wenn man stückeln muss; hier sollte der Hund nur von einem sehr erfahrenen Hundeführer geführt werden, der genau sagen kann, wo der nächste Hund angesetzt werden soll, da der Kombinierer auch gerne parallel läuft oder überbrückt.

Schwerpunkt Körpersprache des Hundes: Nase eher hoch; Tempo eher hoch; benötigt nach der Grundstufe wenig Unterstützung vom Hundeführer, da er sehr eigenständig arbeitet. Vorsicht jedoch vor zu hohem Tempo.

Ausbildungsweg: Trails so legen, dass der Hund über die Spur ankommen muss. Wenn er es anders lösen kann, dann nicht zu stark einschränken, um ihm nicht die Selbstständigkeit zu nehmen.

Rassenbeispiele: In jeder Rasse gibt es Vertreter. Viele Südländer-Mixe, vermehrt große Hunderassen, die mit hoher Nase arbeiten. Hovawart, Schlittenhunde, etc.

Suchhundetyp IV: Der Ehrgeizige

1 Motivation	gering mittel **hoch**
2 Selbstsicherheit	niedrig mittel **hoch**
3 Körpersprache	wenig deutlich deutlich **sehr deutlich**
4 Konzentrationsfähigkeit	gering mittel **hoch**
5 Problemlösung	unselbstständig selbstständig **sehr selbstständig**
6 Suchtempo	langsam mittel **schnell**
7 Ablenkbarkeit	**gering** mittel hoch
8 Aktives Umdrehen	spät mittel **früh**
9 Spurtreue	gering **mittel bis hoch**
10 Wiederaufnahme der Spur nach Verlust	schlecht mittel **gut**
11 Ausdauer	wenig **mittel** viel
12 Suchintelligenz	gering **mittel bis hoch**

Der Ehrgeizige sucht in hohem Tempo, mal mit hoher mal mit tiefer Nase. Er ist nur mäßig ausdauernd.

Dieser Suchtyp eignet sich besonders für: Starter; Indoor; Arbeit aus Wohnpool; Hinarbeiten an VP; Rekonstruktionen; kann als erster, mittlerer und letzter Hund in Teamlösungen eingesetzt werden, da er klar aussagen kann, wo der nächste Hund angesetzt werden kann, da man deutlich erkennt, ob er direkt auf der Spur ist oder z. B. parallel. Wegbeschreibung (Pool, Hin & Back).

Basis für Trailen in der Leistungsklasse: sehr gut

Dieser Suchtyp eignet sich weniger für: sehr lange Strecken, da er nur mäßig ausdauernd ist (außer Bloodhound).

Schwerpunkt Körpersprache des Hundes: Nase mal tief, mal hoch; Tempo eher hoch

Ausbildungsweg: auf die ruhige Arbeit muss Wert gelegt und ein mögliches Hin- und Herschießen des Hundes von Anfang an eingegrenzt werden, damit er nicht lernt, hektisch zu arbeiten und sich dabei hochschaukelt, sonst läuft er Gefahr, ein „Stürmer" (S.76) zu werden. Nach der Grundstufe sollten vorwiegend alte Trails gearbeitet werden und möglichst wenig frische (unter 6 Std.), zudem sollten auch längere angenehme One-Way-Trails eingebaut werden. Am Start häufig quer zum Trail, nicht immer in Trail-Richtung ansetzen oder ein paar Meter weg von der Spur.

Rassenbeispiele: Catahoula Leopard Dog; Vorsteher wie Weimaraner, Pointer, Deutsch Kurz- und Langhaar …; Labrador Retriever

Der Stürmer sucht in hohem Tempo, mal mit hoher mal mit tiefer Nase. Bei ihm ist eine ruhige Führung wichtig.

Sondertyp zu IV: Der Stürmer

1 Motivation	gering mittel hoch
2 Selbstsicherheit	niedrig bis mittel hoch
3 Körpersprache	wenig deutlich deutlich sehr deutlich
4 Konzentrationsfähigkeit	gering mittel hoch
5 Problemlösung	unselbstständig selbstständig sehr selbstständig
6 Suchtempo	langsam mittel schnell
7 Ablenkbarkeit	gering mittel hoch
8 Aktives Umdrehen	spät mittel früh
9 Spurtreue	gering mittel hoch
10 Wiederaufnahme der Spur nach Verlust	schlecht mittel gut, da er in jede Richtung hineinschießt, also auch in die richtige
11 Ausdauer	wenig mittel viel
12 Suchintelligenz	gering mittel hoch

Dieser Suchtyp eignet sich besonders für: –

Dieser Suchtyp eignet sich weniger für: lange Strecken, da er keine Suchausdauer besitzt und zu schnell sein „Pulver" verschießt; er kann keine genauen Aussagen treffen, da er häufig Abgänge verpasst und auch in falsche Richtungen hinzieht.

Schwerpunkt Körpersprache des Hundes: Nase mal tief, mal hoch; Tempo hoch; drückt häufig Rücken weg; krallt sich im Asphalt ein; hektische Bewegungen, Hin- und Herschnüffeln.

Ausbildungsweg: Es kann bei zu viel von außen gebrachter Motivation passieren, dass aus einem ehrgeizigen Hund ein Stürmer wird. Auf keinen Fall den Hund über Anreizen ausbilden. Überforderung kann auch zu Zittern am Start, Leinenaggression oder Pinkeln führen. Wildes Rennen statt kontrolliertes und konzentriertes Arbeiten kann die Folge sein. Ein ruhiges Führen, weiche Leinenführung und genau geplante Trails sind wichtig, um den Hund herunterzufahren. Hund nicht regelmäßig in Trail-Richtung ansetzen. Dieser Hund ist für den HF schwer zu führen, da er sehr in der Leine hängt und schwer lesbar ist. Der HF darf dennoch nich an der Leine ziehen (Gegenzug!) und muss ruhig bleiben. Wird mit diesem Hund richtig gearbeitet, kann aus dem Stürmer ein ehrgeiziger Suchtyp IV werden.

Rassenbeispiele: Vorsteher wie Magyar Vizsla, Pointer, Griffon, manche Terrier, Labrador Retriever, viele Mixe …

Suchhundetyp V: Der Sensible

1 Motivation	gering mittel hoch
2 Selbstsicherheit	niedrig mittel hoch
3 Körpersprache	wenig deutlich deutlich sehr deutlich
4 Konzentrationsfähigkeit	gering mittel hoch
5 Problemlösung	unselbstständig selbstständig sehr selbstständig
6 Suchtempo	langsam mittel schnell
7 Ablenkbarkeit	gering mittel hoch
8 Aktives Umdrehen	spät mittel früh
9 Spurtreue	gering mittel hoch
10 Wiederaufnahme der Spur nach Verlust	schlecht mittel gut
11 Ausdauer	wenig mittel viel
12 Suchintelligenz	gering mittel hoch

Der Sensible pendelt auf der Spur hin und her, häufig mit hektischer Rutenbewegung. Ruhiges Arbeiten ist wichtig.

Dieser Suchtyp eignet sich besonders für: –

Dieser Suchtyp eignet sich weniger für: lange Strecken, da er keine Suchausdauer besitzt; er kann keine genauen Aussagen treffen, da es ihm schwerfällt, Richtungsentscheidungen vorzugeben.

Schwerpunkt Körpersprache des Hundes: Hin- und Herpendeln, Kreiseln, hektische Rutenbewegung

Ausbildungsweg: Langsam eine Leistungsstufe nach der anderen angehen. Viele Zwischenschritte einbauen und immer wieder Dinge abfragen, die der Hund bereits beherrscht. Wiederholungen in Ruhe arbeiten und darauf achten, dass der Hund das Gefühl hat, sie selbst zu lösen. Die Ausbildungsstufen dahingehend abstimmen. Keinesfalls überfordern, lieber unterfordern. Der Hund sollte nie ins „Schwimmen“ kommen. Ruhige Arbeitsweise ist wichtig. Bei diesem Suchtyp kann immer mal wieder mit Geruchsverstärkern auf dem Trail gearbeitet werden, um dem Kreiseln entgegenzuwirken. Beispiel: Nachschleifen eines GA oder Taschentuch gleich nach der Richtungsentscheidung.

Wichtig: Hundeführer muss nach der Richtungsentscheidung die Leine nachfassen. Das gibt dem Hund Sicherheit.

Rassenbeispiele: Australian Shepherd, Labrador Retriever aus Field Trial Linien, Belgische und Weiße Schäferhunde, hin und wieder Magyar Vizsla …

Körpersprache des Hundeführers in einer Kreuzung

Die Kreuzungsarbeit setzt sich aus drei Elementen zusammen, anhand derer der Hundeführer erkennen kann, in welche Richtung der Trail weiterführt: Wie verhält sich der Hund vor der Kreuzung, in der Kreuzung und nach der Kreuzung? Die 3 Elemente beziehen sich somit auf die Aktion des Hundes (Körpersprache) bei der Suche.
Zudem ist es notwendig, die Kreuzung in zwei Zonen aufzuteilen, in denen sich der Hund befinden kann. Die zwei Zonen beziehen sich auf die Aktivität (Leine nachfassen oder nachgeben, Tempo drosseln oder erhöhen) bzw. Passivität (Position in der Kreuzung) des Hundeführers bei der Kreuzungsarbeit. Das Team trailt zuerst durch die Aktivzone (äußerer Ring, Hundeführer arbeitet aktiv mit der Leine und achtet auf Temporegulierung), kommt dann in die Passivzone (innerer Ring, das „Zentrum" der Kreuzung; der HF achtet nur auf seine Position und lässt dem Hund genug Leine zum Ausarbeiten der Kreuzung; holt Leine ggf. ein) und verlässt die Kreuzung wieder durch die Aktivzone. Beachtet man ein paar grundlegende Dinge, fällt dem Hund die Richtungsentscheidung um ein Vielfaches leichter und der Hundeführer kann gut am Hund erkennen, in welche Richtung es weitergeht.

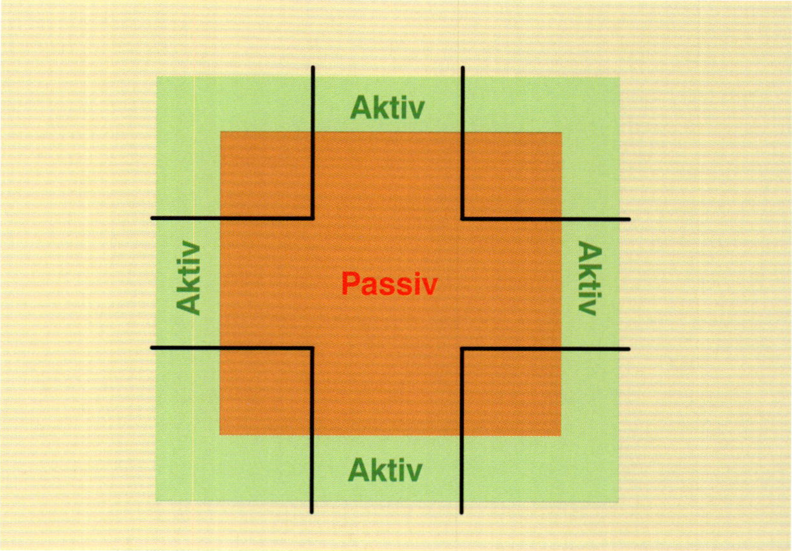

Eine Kreuzung wird in zwei Zonen aufgeteilt. In der äußeren Zone arbeitet der Hundeführer aktiv mit, in der inneren verhält er sich eher passiv.

1. Vor der Kreuzung

Die Arbeit vor der Kreuzung findet in der Aktivzone statt und bleibt immer gleich, d. h. der Hundeführer nimmt aktiv etwas Tempo heraus und verkürzt dabei die Leine. Dies bewirkt den gewünschten Spannungsaufbau beim Hund, mit dem es leichter fällt, die Kreuzung zu arbeiten (wirkt u.a. Pinkeln und privatem Schnüffeln an Kreuzungsecke entgegen). Der Hundeführer beobachtet dabei seinen Hund genau. Meist läuft dieser bereits auf der Straßenseite, auf der es weitergeht, und stellt den Körper leicht schräg in diese Richtung. Geht es z.B. nach rechts, läuft der Hund häufig schon vor der Kreuzung leicht schräg rechts gestellt und/oder auf der rechten Hälfte der Straße. Meist riecht er dabei auch in die Hofeinfahrten auf der (hier im Beispiel) rechten Seite, da er von der weiterführenden Spur (Abbieger nach rechts) frischere Witterung bekommt, die sich in den Einfahrten und Hauswänden fängt. Der Hundeführer sollte sich vor der Kreuzung hinter dem Hund möglichst neutral verhalten und keine Richtung vorgeben. Bewegt sich der HF gegen die Bewegung des Hundes, kann dieser seine Körpersprache nicht verdeutlichen. Er kommt dann meist aus der bereits richtig angedeuteten Richtung wieder heraus und läuft verunsichert („Pendelausschlag" nach links oder rechts). Erst wenn der Hund etwas zeigt, kann der Hundeführer darauf reagieren.

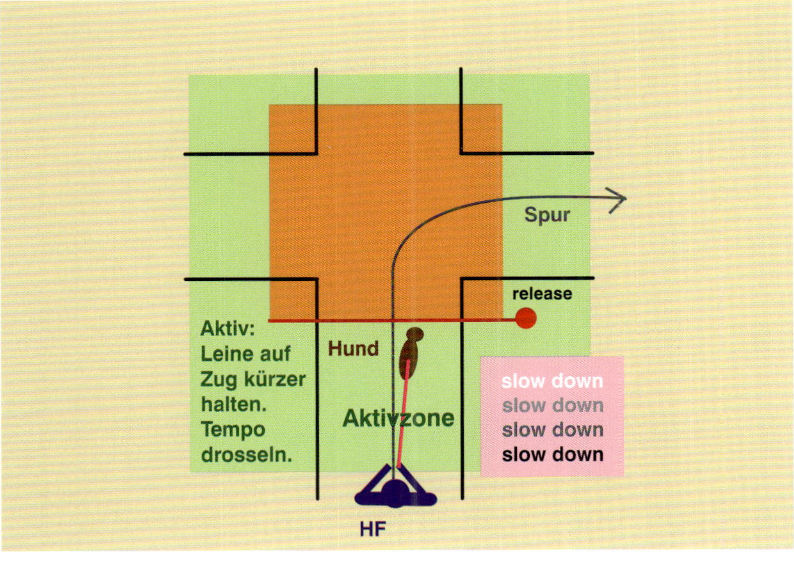

Vor der Kreuzung nimmt der Hundeführer immer mehr das Tempo heraus und bewirkt damit den gewünschten Spannungsaufbau beim Hund.

2. In der Kreuzung

Der „Point of Release“ stellt den Übergang von der Aktivzone in die Passivzone dar. An dieser Stelle wird dem Hund mehr Leine in die Kreuzung hinein gegeben.
Hier achtet der Hundeführer vor allem auf seine Stellung zum Hund und seine Position in der Kreuzung, damit der Hund sich in die Arbeit hineinträumen kann und nicht durch einen im Weg stehenden Hundeführer unnötig gestört wird. Die Leine wird nur eingeholt, damit sich der Hund nicht darin verheddert. Der Hund kann sich intensiv auf seine Arbeit konzentrieren, sodass er den Hundeführer nicht mehr wahrnimmt. Nun gibt es mehrere Möglichkeiten, je nachdem, welchem Schwierigkeitsgrad der Trail unterliegt und auf welcher Ausbildungsstufe sich der Hund befindet. Liegen an dieser Stelle keine alten Spuren darunter, ist es wahrscheinlich, dass der Hund gleich in die richtige Richtung arbeitet. Liegen alte Spuren darunter, wird der Hund die richtige Richtung – je nach Suchtyp – eventuell erst markieren (durch Kopfbewegung oder stichprobenartiges Hineingehen in den richtigen Straßenarm, aber nochmaligem Herauskommen) und die anderen Richtungen ausschließen (durch Bogen oder Kreisbewegung, Herumwerfen „Body Check“, quer gehen).

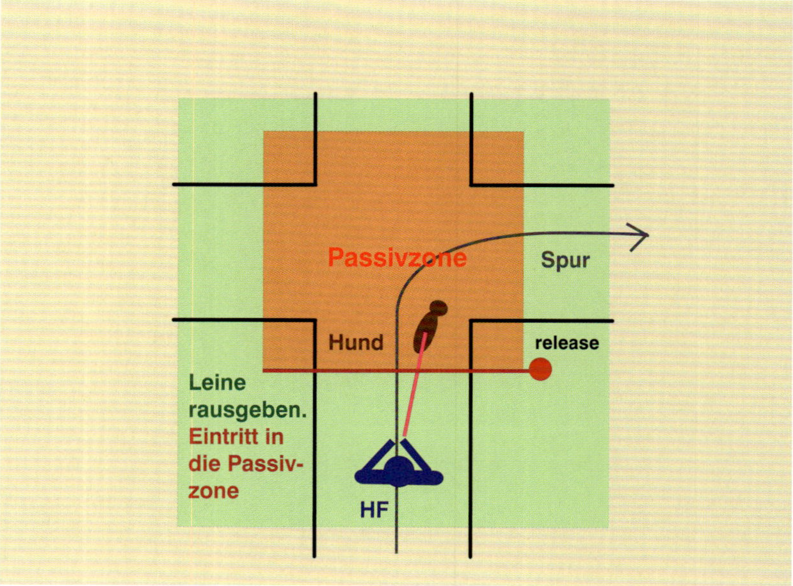

Der Hund kommt bereits schräggestellt in die Kreuzung. In der Kreuzung bekommt er mehr Leine, damit er die richtige Spur selbstständig finden kann.

In der Kreuzung gibt es für den Hundeführer verschiedene Möglichkeiten, sich zu positionieren. Je nachdem, ob unter dem Trail alte Spuren liegen und welcher Suchtyp der Hund ist, wird er die Kreuzung arbeiten. Weiß der Hundeführer, wie sein Hund arbeitet, kann er darauf richtig reagieren, um es ihm nicht unnötig schwer zu machen und ihn bei der Arbeit nicht zu behindern. Dies lernt er in den ersten beiden Phasen (Aufbau- und Arbeitsphase).

Fall 1: Der Kreuzungsausschnitt ist a) One-Way, es liegen keine alten Spuren darunter (z. B. Trainingsphase I), oder b) es arbeitet ein erfahrener, gut gearbeiteter Hund eine kontaminierte Kreuzung.

Dies ist der schönste und für den Hundeführer einfachste Lösungsweg des Hundes, eine Richtung in der Kreuzung vorzugeben. Der Hund durchquert die Passivzone nur kurz und zieht deutlich (steil/gerade) weiter in die richtige Aktivzone. Ein Hund, der in der Aufbauphase richtig auf der Spur gearbeitet und in seiner Richtungsanzeige durch die Körpersprache und das Leinenhandling des Hundeführers bestätigt wurde, arbeitet eine One-Way-Spur in der Regel so (der Ehrgeizige). Abweichungen – je nach Suchtyp – kann es geben (siehe S. 70 ff., Einteilung Suchhundtypen).

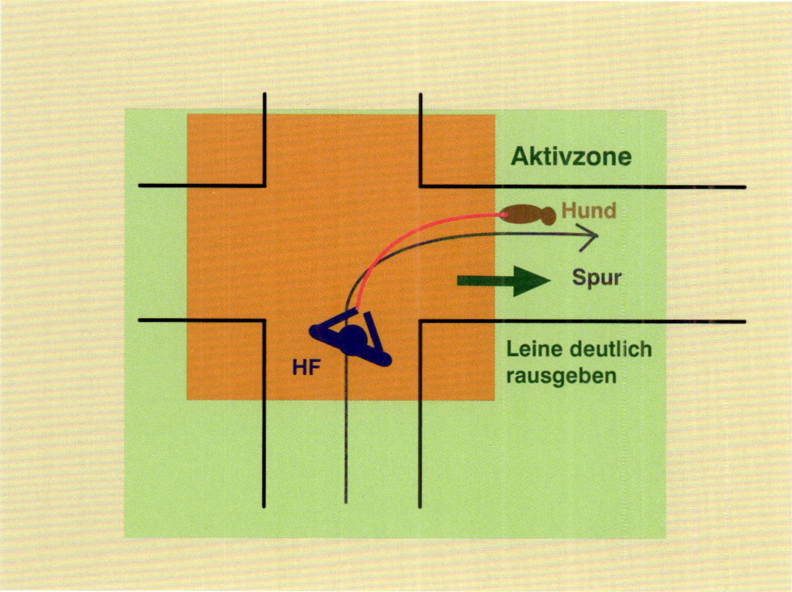

Fall 1: Der Hund durchquert die Passivzone nur kurz und zieht deutlich in die richtige Richtung.

Fall 2: Der Kreuzungsausschnitt ist kontaminiert, es liegen alte Spuren (derselben VP) unter dem Trail (z. B. Trainingsphase II).

Liegen unter dem Trail noch alte Spuren der VP, vor allem wenn der Zeitunterschied nicht so groß ist (z. B. 1 Std., 40 Min. und 20 Min.), benötigen auch die erfahrenen Hunde häufig etwas mehr Zeit, um die Kreuzung zu arbeiten. Dies trainiert man in der Arbeitsphase.

Der Hund markiert häufig bereits die richtige (= frischeste) Richtung, indem er seinen Kopf dorthin dreht (hier nach rechts). Meist wiederholt er diese Bewegung noch einmal. Er setzt quasi „den Blinker" nach rechts, biegt aber noch nicht in die Straße ein (der Kombinierer/ z. B. Golden Retriever). Der Hund befindet sich weiterhin in der Passivzone. Der Hundeführer merkt sich den markierenden Blick des Hundes und gibt weiter Leine nach, damit der Hund die Möglichkeit zum Umdrehen hat (Zeichnung 1 & 2). Bekommt der Hund genügend Leine, wird er entweder etwas verspätet noch nach rechts abbiegen oder ein Stück weiterlaufen (hier geradeaus), aber dabei allmählich etwas Tempo herausnehmen. Der Hundeführer geht dann nur noch langsam hinterher, bis der Hund fast stehen bleibt und vorne „hoch kommt". Verpasst der Hundeführer hier, das Tempo herauszunehmen, und geht dem Hund zu schnell hinterher, macht er es ihm unnötig schwer und der Hund läuft womöglich noch ein ganzes Stück weiter (hier geradeaus). Das Zurückarbeiten auf die Spur kostet jedes Mal Zeit und Kraft.

Ab hier variiert die Kreuzungsarbeit in der Passivzone, je nach Schwierigkeitsgrad des Trails und Leistungsstand des Hundes (siehe 3-Stufen-Phasen-Modell, S. 58).

Trainingsphase I (Lernphase)

Der Hundeführer dreht sich bereits rückwärts in die vom Hund vorher markierte richtige Richtung (hier nach rechts). Zeichnung 3

Der Hundeführer geht „rückwärts vorwärts" in den markierten Straßenarm hinein. Jetzt ist es wichtig, dass der Hundeführer sich weiter seitlich eindreht, um dem Hund den richtigen Weg zu öffnen. Eine frontale Stellung zum Hund am Straßenabgang würde ihn von der Körpersprache her eher abblocken. Zeichnung 4

Nachdem der Hund den Hundeführer überholt hat, geht dieser ihm flüssig hinterher (nicht zögerlich/verhalten) und fängt ihn weich mit der Leine ab (keine Rucks). Zeichnung 5

1

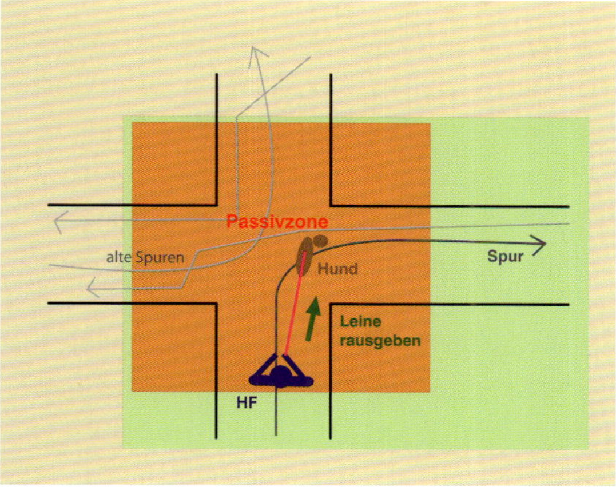

2

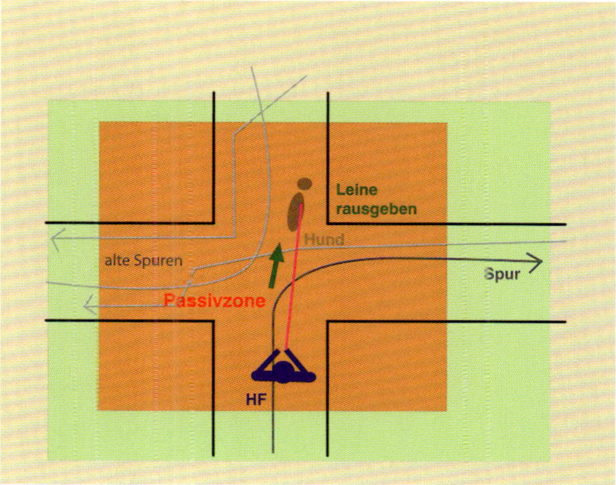

3

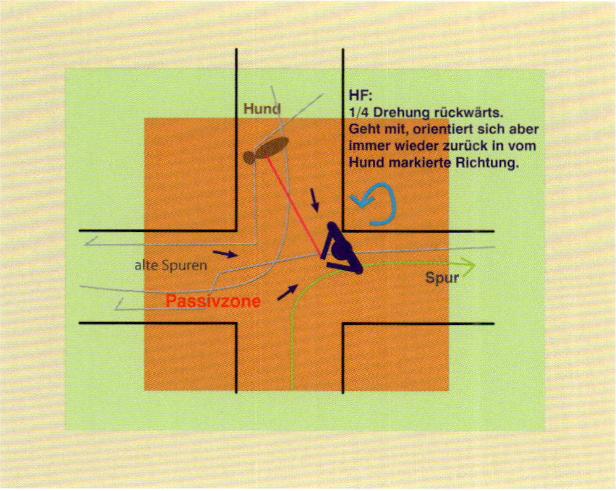

4

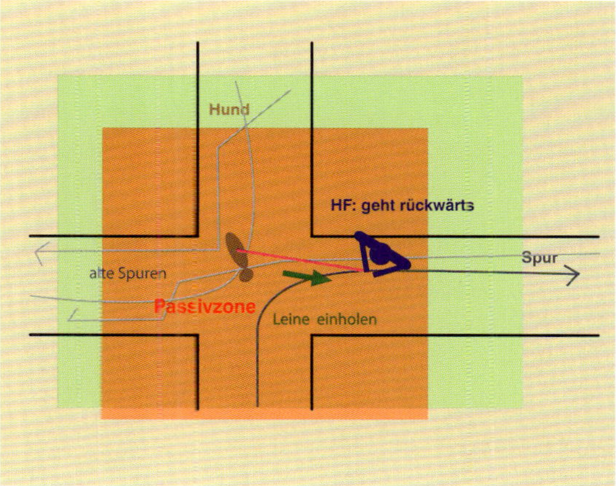

5

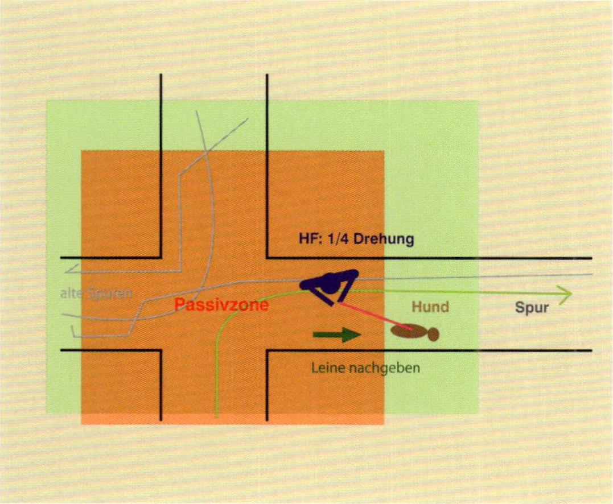

Fall 2: Unter dem Trail liegen noch alte Spuren.
1 *Hier zeigt der Hund bereits deutlich mit dem Kopf die richtige Richtung an.*

2 *Geht der Hund trotzdem weiter geradeaus, muss der Hundeführer etwas Leine nachgeben, damit dem Hund das Umdrehen erleichtert wird.*

Trainingsphase I
3 *Der Hundeführer dreht sich rückwärts in die vom Hund markierte Richtung.*

4 *Er dreht sich weiter seitlich ein, um dem Hund den Weg freizumachen.*

5 *Der Hundeführer geht nun wieder seinem Hund in flüssigem Schritt hinterher.*

Trainingsphase II (Arbeitsphase)

Nachdem der Hund etwas Tempo herausgenommen hat und vorne hoch kommt (Zeichnung 6), bleibt der Hundeführer kurz stehen und wartet, bis der Hund das Umdrehen selbstständig einleitet. Der Hundeführer bleibt dem Hund zugewandt und dreht sich um die eigene Achse (hier linksherum) mit. Er lässt den Hund an sich vorbeitrailen und orientiert sich noch nicht deutlich in die richtige Richtung, bleibt aber auf der richtigen Seite und steht dem Hund nicht im Weg (Zeichnung 7). Nachdem der Hund umgedreht hat und für ihn klar ist, wohin die frischste Spur führt, erhöht er meist das Tempo und zieht zielstrebig in die richtige Richtung hinein (hier nach rechts). Hier muss der Hundeführer zuvor schnell genug die Leine eingeholt haben, damit der Hund sich nach der Drehung nicht darin verheddert.

6

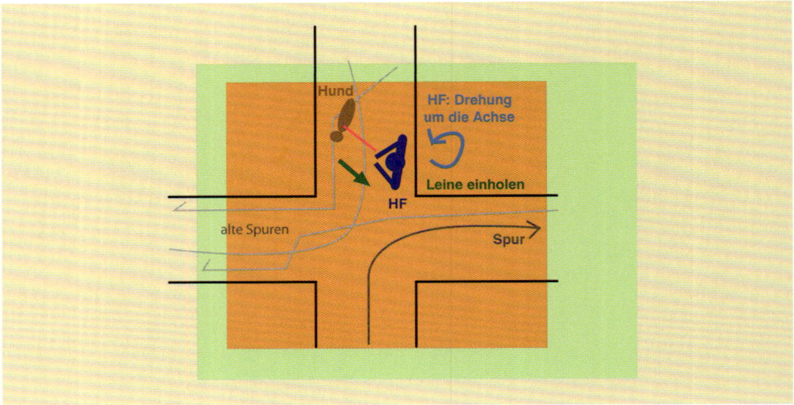

7

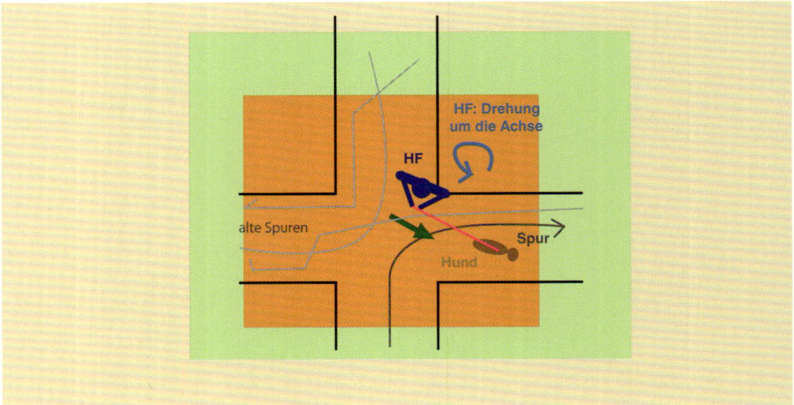

Trainingsphase II
6 *In der Arbeitsphase bleibt der Hundeführer einfach kurz stehen und wartet, bis sich der Hund selbstständig umgedreht hat.*

7 *Dann folgt er dem Hund in die richtige Straße hinein.*

1

2

3

4

1 Der Hund markiert bereits die richtige Richtung und befindet sich auf der richtigen Straßenseite.

2 Er geht steil in den richtigen Straßenarm. Dieser Hund befindet sich in der Arbeitsphase und kommt nochmals heraus. Der Hundeführer bleibt hinten neutral.

3 Der Hund geht in einen anderen Straßenarm, checkt die alte Spur, die darunterliegt, und dreht plötzlich um. Er erhöht das Tempo in die richtige Richtung.

4 Jetzt biegt er wieder in die richtige Richtung ab.

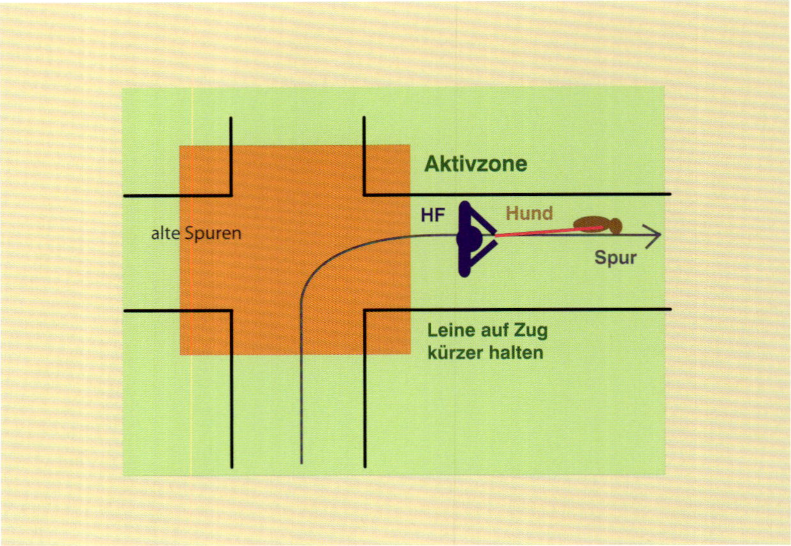

Der Hundeführer lässt die Leine noch etwas auf Spannung und gibt dem Hund damit Sicherheit.

3. Nach der Kreuzung

Ist der Hund richtig abgebogen, bleibt die Leine vorerst leicht auf Spannung. Dies gibt dem Hund nach der Richtungsentscheidung Sicherheit und ist das Signal, dass der Hundeführer ihn verstanden hat, dass es hier entlanggeht. Greift der Hundeführer an dieser Stelle nicht nach, sondern lässt die Leine durchhängen, ist es wahrscheinlicher, dass der Hund wieder umdreht und aus dem Straßenarm in Richtung Kreuzungsmitte läuft oder das Kreiseln um den Hundeführer anfängt. Nach der Kreuzung bedeutet, der Hund befindet sich wieder in der Aktivzone und der Hundeführer agiert mit der Leine. Ist der Hund richtig abgebogen, taucht er nun – je nach Suchtyp – deutlich in die Spur ein (macht sich insgesamt länger und flacher). Dann ist es gut, wenn der Hundeführer zügig hinterhergeht und den Hund nicht extra ausbremst. Zunächst bleibt die Leine auf Spannung und wird dann in der Vorwärtsbewegung leicht nachgegeben. Ist der Hund falsch abgebogen, schließt er aus – wieder je nach Suchtyp – durch Pendeln, hektisches Hin- und Herschießen („versucht, Geruch zu bekommen“) oder im Idealfall (kann mit jedem Suchtyp trainiert werden) nimmt der Hund etwas Tempo heraus, kommt vorne hoch und dreht quer ab. Hier ist es wichtig, dass der Hundeführer ebenfalls etwas Tempo herausnimmt und rückwärts geht.

Zusammenfassung „Straßenkreuzung“

- Vor der Kreuzung beobachtet der Hundeführer bereits die Körpersprache seines Hundes (welche Straßenseite, etc.). Das Team trailt zuerst durch die Aktivzone (äußerer Ring; HF arbeitet aktiv mit der Leine und achtet auf Temporegulierung).
- In der Passivzone beobachtet der Hundeführer wieder genau die Signale des Hundes (Kopfbewegung). (Innerer Ring, das „Zentrum“ der Kreuzung; HF achtet auf seine Position und lässt dem Hund mehr Leine zum Ausarbeiten der Kreuzung.)
- Verlassen der Kreuzung durch Aktivzone. Je nachdem, was der Hund zuvor gezeigt hat, weiß der Hundeführer, in welche Richtung es aus der Kreuzung herausgeht. (Äußerer Ring; HF nimmt Leine auf Spannung, gibt dann wieder Leine nach, geht a) Hund nach, wenn zuvor gezeigt wurde, dass die Richtung stimmt, oder b) er reduziert das Tempo, wenn vorher eine andere Richtung markiert wurde => Umdrehen. Der Hund erhöht das Tempo in die richtige Richtung.)

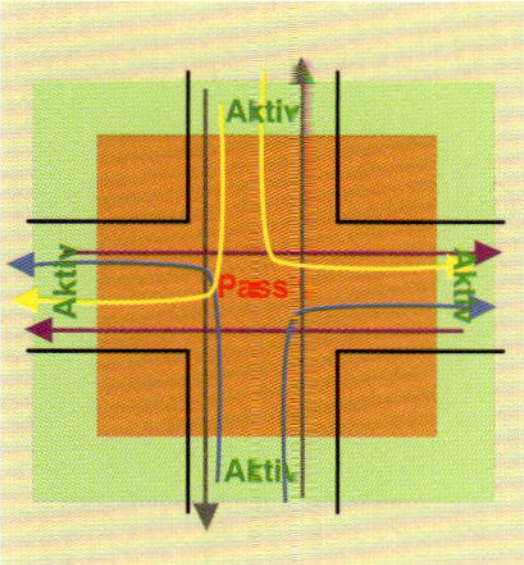

Egal woher die Spur kommt und in welche Richtung sie weiterführt: das Team tritt in die Aktivzone der Kreuzung ein, arbeitet sich durch die Passivzone im Inneren der Kreuzung und verlässt diese wieder durch die Aktivzone.

Zusammenfassung „Körpersprache des Hundeführers“

Ignoriert der Hundeführer die Körpersprache des Hundes und bleibt in der Kreuzung frontal zum Hund stehen, macht er es dem Hund unnötig schwer, indem er den Weg blockiert (siehe Zeichnung unten links).

Dreht sich der Hundeführer seitlich weg und „öffnet“ damit dem Hund den Weg, reagiert er richtig auf die Körpersprache des Hundes (siehe Zeichnung unten rechts).

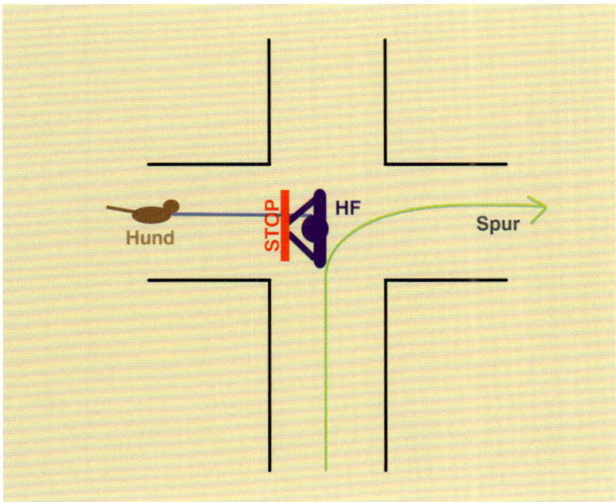

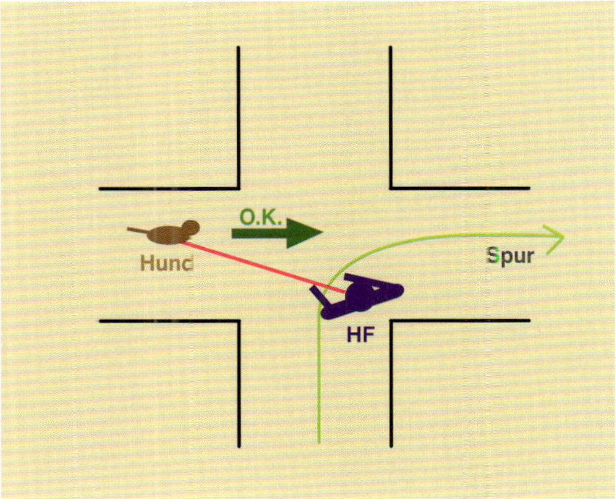

Die Kunst des Trail-Legens

Zusätzliche Elemente eines Trails

Am einfachsten ist es, wenn die Vermisste Person einfach von A nach B in eine Himmelsrichtung läuft, ohne sich unterwegs irgendwo länger aufzuhalten, die Spur nochmals zu queren oder im Kreis zu laufen (= „One Way"). Dies ist aber – auch in den Realeinsätzen – nur selten der Fall, vor allem, wenn die Person in einer Stadt wohnt und dort verschwindet. Da läuft sie häufig um Häuserblocks herum und es entstehen für den Hund geruchliche Konfliktsituationen, bei denen Zeitsprünge und frische Witterung eine Rolle spielen. Deshalb ist es wichtig, solche Schwierigkeiten auf den Übungs-Trails ab und zu einzubauen und ab der Stufe Orange zu trainieren.

„One Way"

Die Person läuft vom Start zum Ziel direkt durch, ohne die Spur zu kreuzen, sich unterwegs länger an einem Punkt aufzuhalten oder in ein Gebäude zu gehen. Der Trail hat nur eine durchgängige Zeit und beinhaltet keine (beeinflussbaren) Schwierigkeiten. One Way bedeutet allerdings nicht, dass die VP nur geradeaus läuft.

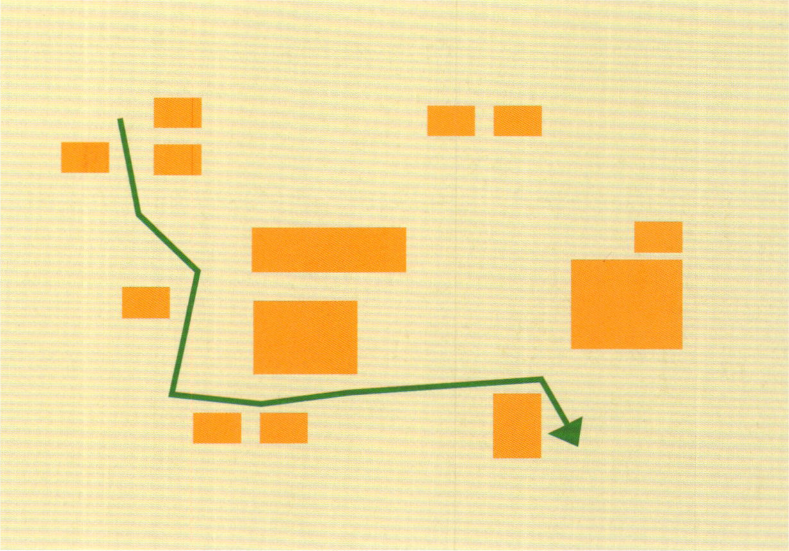

Der Trail wird vom Start zum Ziel ohne Unterbrechung durchgelaufen.

Trail mit mehreren Zeiten

Die Person läuft vom Start (z. B. Zuhause) erst zum Supermarkt (1), dann wieder nach Hause, später wieder los zum Arzt (2) ein Rezept abholen, anschließend zur Bank Geld abheben (3) und zur Apotheke (4), wieder nach Hause, dann zum Bahnhof (5) und fährt mit dem Zug weg. Die Spur wird somit mehrfach gekreuzt und besitzt unterschiedliche Zeiten, da die Person sich zwischendurch immer wieder für einige Zeit in einem Gebäude aufhält. Um so einen Trail lösen zu können, ist es wichtig, ihn zunächst für den Hund in Einzelelemente zu zerlegen und die enthaltenen Schwierigkeiten gezielt einzeln zu trainieren. Macht man dies nicht, werden die meisten Hunde früher oder später überfordert sein und aussteigen. Selbst wenn er den einen Trail noch gut löst, kann es sein, dass er beim nächsten oder übernächsten, verhältnismäßig einfachen Trail unsicher läuft, Startprobleme zeigt, auffällig häufig privat schnüffelt, bei Richtungsentscheidungen pinkelt oder – je nach Suchhundetyp – hektisch ist, um nur einige Möglichkeiten zu nennen. Dies können Signale der Überforderung sein, wenn der Hund Stress bei der Sucharbeit hat. Der Hundeführer kann sich dann nicht erklären, warum sein Hund plötzlich einen einfachen Trail nicht mehr lösen kann, obwohl er doch kürzlich einen schweren gut gemeistert hat.

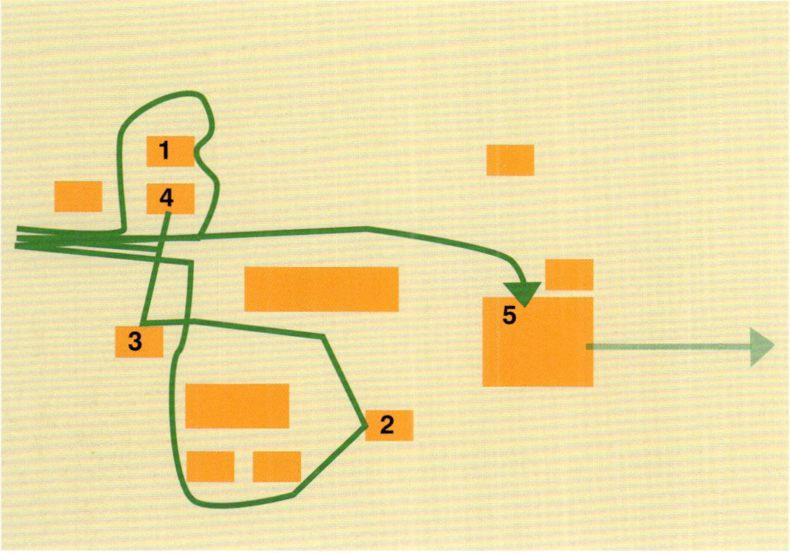

Trails, bei denen sich die Spuren der VP immer wieder kreuzen, sollten zu Beginn in Teilschritten geübt werden.

Einzelelemente für ein gezieltes Training

1. Schnittpunkte

a) Das „klassische P“

Die versteckte Person läuft um ein Haus, eine Wiese o.Ä. herum und kreuzt beim „klassischen P“ die eigene Spur im rechten Winkel. Die Größe der Schleife variiert.
Zunächst hält man im Training die Schleife des „P“s klein. Die Person läuft ein „P“ erst einmal auf einer Wiese oder in einer kleineren, beruhigten Straßenkreuzung (z.B. Stufe Orange).
Hat der Hund keine Probleme bei der Lösung, kann man das „P“ vergrößern. Die VP läuft jetzt um ein Haus oder eine Baumgruppe herum (Stufe Grün). Später kann die Schleife des „P“s auch ganze Häuserblocks umfassen (ab Stufe Blau).

1. Worin besteht die Problematik für den Hund bei der Lösung eines „P“s und 2. was soll der Hund im Training hierbei bestenfalls lernen?
Zu 1) Die Problematik besteht bei einem großen klassischen P darin, dass entweder die Zeit oder die Laufrichtung der VP für den Hund nicht zur Spur passen. Um die Zeit „geruchlich“ darzustellen, haben wir die von der VP beim Laufen der Spur „verlorenen Hautschuppen“ (sehr vereinfacht) von 1-300 durchnummeriert. In unserem Beispiel

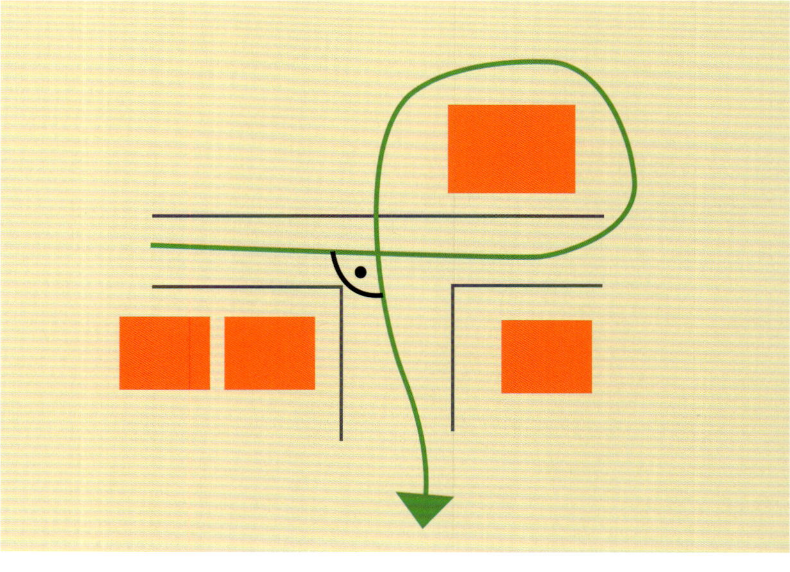

Beim klassischen P kreuzt die Vermisste Person die eigene Spur im rechten Winkel.

kommt der Hund von links und beginnt quasi mit dem „Zählen der Hautschuppen“ bei 1 (dunkelgrüne Spur). Am Schnittpunkt im roten Kreis passiert nun Folgendes: Geht der Hund der eigentlichen Zeitabfolge nach, müsste er geradeaus weiterlaufen (Hautschuppen 101 f; graue Spur). Er riecht aber von links, dass die Spur dort frischer ist (Hautschuppe 200; hellgrüne Spur). Geht er dieser frischeren Spur (frischer als geradeaus) nach, stimmt die Laufrichtung aber nicht, denn ihm kommt die Spur entgegen (Back). Biegt er am Schnittpunkt gleich korrekt nach rechts ab, stimmt zwar die Richtung und die Zeit, er kommt aber meist dennoch ins Grübeln, denn es fehlen ihm die Hautschuppen zwischen 101 und 201.

Der Hund soll hierbei natürlich lernen, die frischeste Spur in die richtige Laufrichtung zu nehmen, denn so eine Schleife kann auch mehrere Hundert Meter oder Kilometer lang sein, wenn die VP beispielsweise mit dem Fahrrad unterwegs ist. Dann ist es doch recht mühsam und zeitaufwendig, wenn der Hund sie ausläuft. Was hier einfach klingt, ist in der Praxis oft schwer. Das „klassische P“ ist vom Schwierigkeitsgrad nicht mit einem normalen Kreuzen der Spuren von Alt auf Frisch zu vergleichen, wie wir in zahlreichen Trainings mit unterschiedlichen Suchhundetypen feststellen konnten. Auch wenn die Hunde zunächst intuitiv den richtigen Abbieger nehmen, kommen sie kurz danach häufig ins Trudeln.

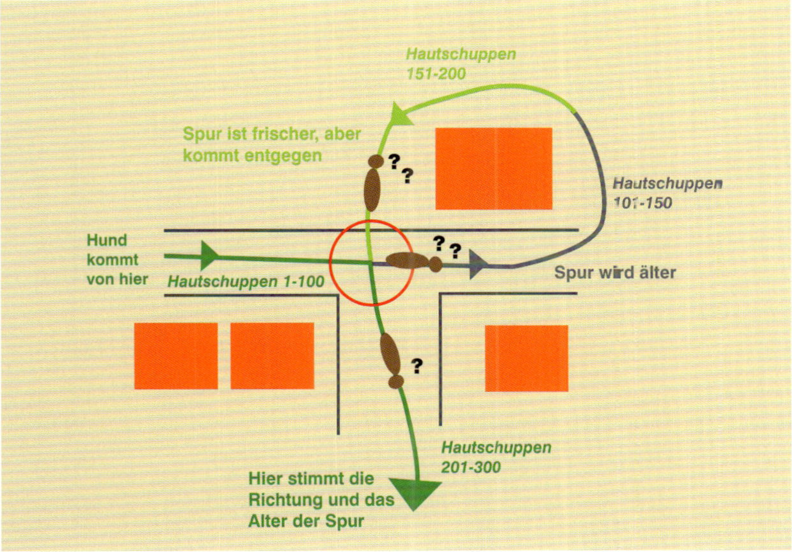

Häufig besteht bei einem großen klassischen P das Problem, dass entweder die Zeit oder die Laufrichtung der VP für den Hund nicht zur Spur passen.

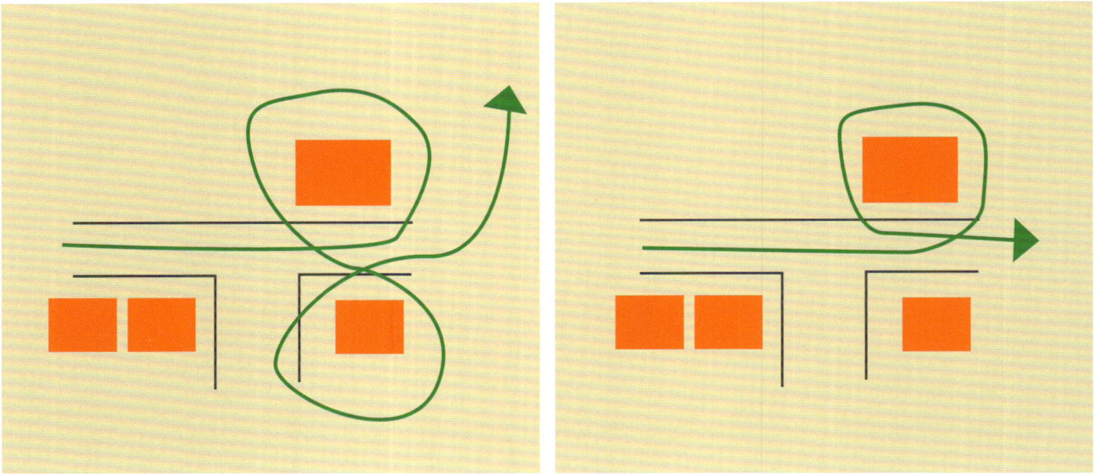

P-Variante 8 und LooP

Weiß der Hundeführer nicht, dass hier ein P liegt, denkt er meist, dass der Hund falsch abgebogen ist. Das P ist also nicht nur ein Training für den Hund, sondern auch für den Hundeführer, der somit erfährt, wie sich sein Hund bei dieser Problemlösung verhält. Hat das Team genug Erfahrung gesammelt, kann der Hundeführer anhand des Suchverhaltens seines Hundes genau sagen, wie die VP gelaufen ist. Denn es gibt in den höheren Stufen nicht nur Geruch ja/nein (schwarz/weiß), sondern oftmals Geruch ja, aber alt, älter, frisch, frischer, Back etc. (Graustufen). Beim klassischen P kommt es sehr auf das richtige Timing beim Führen an, damit der Hund den bestmöglichen Lerneffekt erzielt. Vor allem der Trainer sollte im richtigen Moment eingreifen – oder eben nicht, um den Hund nicht zu verwirren – je nachdem, in welcher Phase das Team sich befindet.

b) Der „LooP“

Die Versteckte Person läuft um ein Haus, eine Wiese o. Ä. herum und kreuzt beim LooP die eigene Spur in der Verlängerung der weiterführenden Richtung. Der LooP ist für den Hund meist leichter zu lösen als das klassische P.

c) „Alt/Neu“

Die gesuchte Person ist mehrfach an diesem Ort gewesen, es existieren Spuren unterschiedlicher Zeiten.

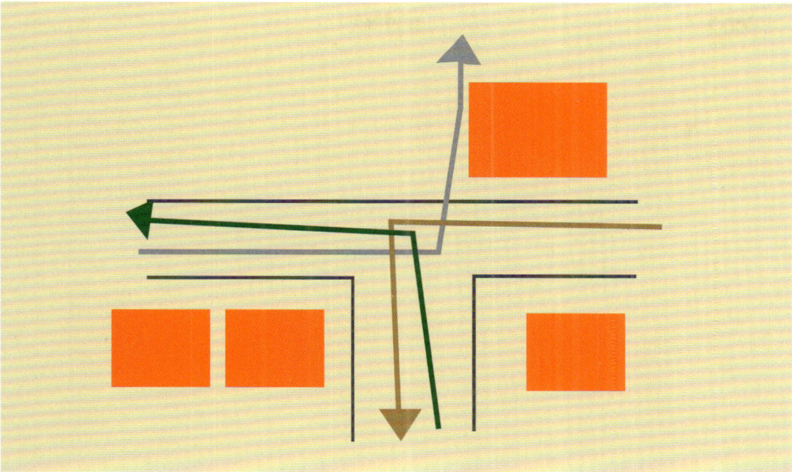

Bei „Alt/Neu“ kreuzen sich alte und neue Spuren.

2. Geruchsüberlagerung (ScentPool)

a) Stehender Pool

Die Vermisste Person hält sich an einer Stelle länger auf, bleibt dort sitzen oder stehen, sie bewegt sich nur wenig.
Der Geruch der Person verteilt sich auch, wenn sie sich nicht viel bewegt, da auf den warmen Körper der Person Thermik und Luftströme wirken. Je nach Umgebung (z. B. freie, offene Fläche), Wetterverhältnissen (z. B. Wind), Temperaturunterschieden (Körpertemperatur vs. Umgebungstemperatur) und Aufenthaltszeit verteilt sich der Geruch mehr oder weniger weit um die Person herum. Bei längerer Aufenthaltszeit bildet sich eine „Geruchsglocke“, die die Spur der VP mit frischem Geruch überdeckt. Einigen Hunden fällt es dann schwer, sich an die VP hinzuarbeiten. Am leichtesten fällt dies in so einem Fall dem Kombinierer.

Stehender und gelaufener Pool

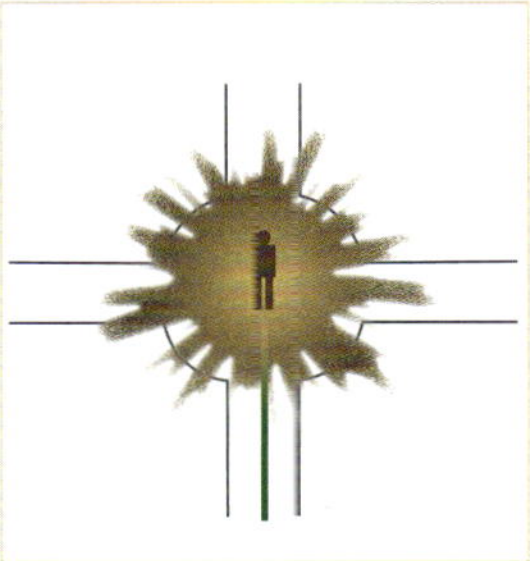

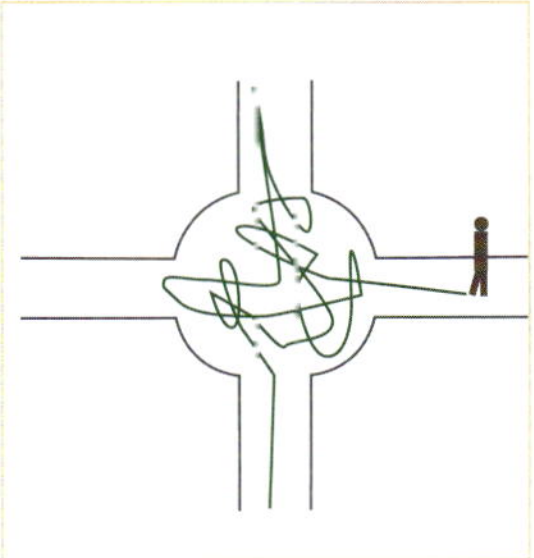

b) Gelaufener Pool

Die VP läuft z. B. auf einem Platz hin und her, bleibt stehen, geht dann wieder weiter. Der Hund muss den richtigen Ausgang finden. Je nachdem, wie häufig sich die Spuren kreuzen, kann dies für den Hund schwer sein, den richtigen Abgang zu finden. Der gelaufene Pool kann vor allem dem gewissenhaft arbeitenden Hund (SHT I) Schwierigkeiten bereiten, da sich dieser gerne ältere Spuren ansieht und Back verfolgt.

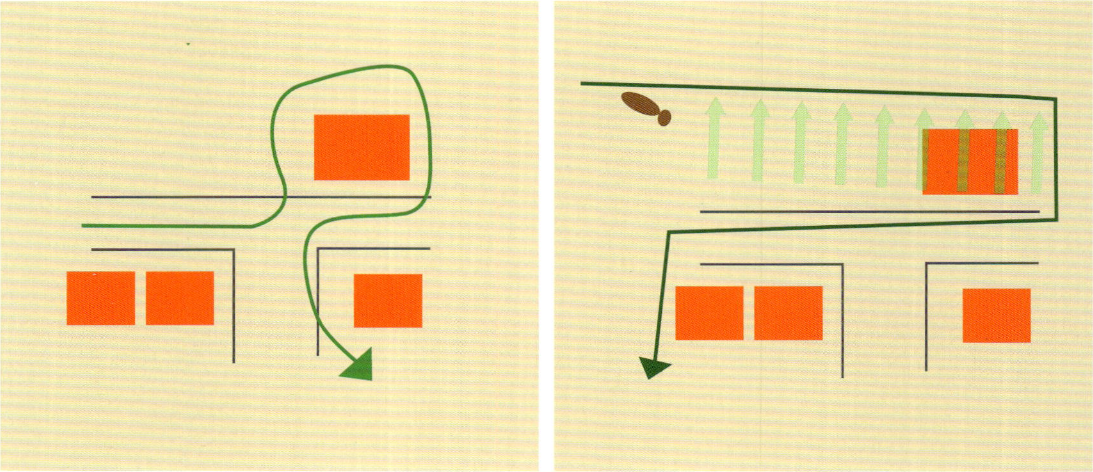

Offenes P und Parallel

3. Konflikt Witterung versus Spur

a) Kleines U

Die VP läuft um einen Häuserblock o. Ä. herum. Der Hund kann mit hoher Nase überbrücken und somit gleich von der einen auf die andere Spur gelangen oder der Spur exakt nachgehen.

b) Parallel

Die Vermisste Person läuft zum Beispiel eine Parallelstraße versetzt wieder zurück.

Der Hund kann auf dem Trail mit den unterschiedlichsten Schwierigkeiten konfrontiert werden.

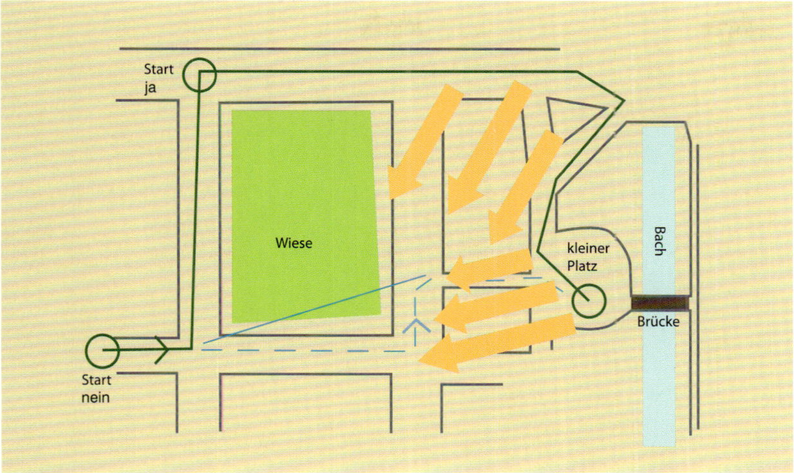

Das große U – hier muss man genau aufpassen, wo man den Start für den Trail legt. Ansonsten kann es passieren, dass der Hund direkt zur VP läuft.

Schwierigkeiten beim Trail-Legen

Um dem Hund die optimalen Ausbildungsbedingungen zu gewährleisten, sollte jeder Trail in den Grundstufen nach Möglichkeit wie geplant verlaufen und keine Fehler beim Trail-Legen oder Führen des Teams unterlaufen. Je nach Schwere des Fehlers und je nach Stärke des Hundes kann der Hund mehr oder weniger nachhaltig verunsichert werden und im Training dadurch Rückschritte statt der gewünschten Fortschritte machen. Nach Eintritt in die Leistungsstufen (ab Blau), kann man dem Hund mehr zumuten. Hier zeigen wir einige Beispiele, die nicht unbeabsichtigt passieren und auf die man beim Trail-Legen unbedingt achten sollte.

Das große U

Das „große U" betrifft den gesamten Trail und sollte im Gegensatz zum „kleinen U" niemals im Training oder bei einer Prüfung gelegt werden, wenn eine Spurtreue bewertet werden soll. Das Problem hierbei ist, dass der Hund die Möglichkeit hat, vom Start zur VP direkt ohne Spur über Witterung anzukommen („Flächensuche an der Leine"). Ebenso sollte der Hund nicht die Möglichkeit haben, über eine alte Spur direkt bei der VP anzukommen. Wurde der Trail so gelegt, muss der Hund an einer Stelle weiter hinten angesetzt werden. (In der Zeichnung z. B., müsste man die Straße links vom Start hinauflaufen und an der nächsten Kreuzung starten.)

Australian Shepherd Snowy hat Nicole gefunden und geht zielstrebig auf sie zu.

Versteckte Person

Das Ende des Trails und das Ankommen bei der VP spielt eine wichtige Rolle, da der Hund in der Regel hier seine Bestätigung (z. B. Futter) erhält. Was hier nicht passieren sollte:

- Der Trail-Leger weiß nicht genau, wo sich die VP befindet, z. B. durch falsche Absprache oder weil die VP eigenmächtig an eine andere Stelle gelaufen ist.
- Der Trail-Leger hat einen Teil des Trails vergessen.
- Der Geruchsartikel ist nicht von der VP, sondern von einer anderen Person; der Hund wurde auf die Spur „gedrückt".
- Der Hund wird bei einer Differenzierung von der falschen VP bestätigt.
- Die VP sitzt auf einige Entfernung offen sichtbar, der Hund läuft die letzten Meter ohne zu suchen auf Sicht. Gerade das Ende mit Eintritt in den End-Pool der VP sollte trainiert werden, indem sich der Hund an die VP mit der Nase heranarbeiten muss und es ihm nicht über Optik zu leicht gemacht wird. (Außer der Trail beinhaltet bereits Schwierigkeiten oder viel Ablenkung, dann sollte das Ende leicht sein, dennoch selten „auf Sicht".)
- Eine dem suchenden Hund sehr bekannte Person (Familienangehörige o.Ä.) war für einen anderen Hund, der zuvor gesucht hat, in einem Versteck. Die VP für den jetzt suchenden Hund sitzt in demselben Versteck, wie die für den Hund bekannte Person zuvor.
- Die VP hält sich nicht an die Absprache und verhält sich dem Hund gegenüber nicht korrekt (vor allem beim TheraTrailen) oder löst zu früh aus und verwässert die Anzeige des Hundes (ab Stufen Orange/Grün).

Das Führen des „Wissenden“

Ein ManTrailing-Team hat während der Ausbildung zunächst immer einen Wissenden als Führer bei sich, der die Spur kennt und zum richtigen Zeitpunkt – für den Hund unauffällig – Hilfestellung leisten kann. Hierbei geht es nicht nur darum, eine VP zu kontrollieren, dass sie einen für das Team passenden Trail geht, sondern der Wissende fungiert gleichzeitig als Trainer. Er gibt vor allem noch unerfahrenen (Trail-)Hundeführern auf dem Trail wichtige Tipps, beispielsweise bezüglich der Körpersprache des Hundes und des Timings, ab wann der Hundeführer auf die Signale des Hundes reagieren soll. Der Hundeführer darf nicht bereits im Voraus selbst wissen, in welche Richtung der Trail führt, da er trotz Erfahrung seinen Hund unbeabsichtigt durch die eigene Körpersprache ungünstig beeinflussen kann. Jegliche Form der Kennzeichnung des Trails (z. B. durch Fähnchen) ist daher zu Ausbildungszwecken ungeeignet, da der Hundeführer und eventuell sogar der Hund sonst verleitet werden, über Optik zu suchen und nach Fähnchen oder Ähnlichem Ausschau zu halten.

Das Ziel der Ausbildung im Leistungsbereich ist, dass das Team ohne Führung („Blind“) einen Trail ausarbeiten kann und die gesuchte Person findet. Lernt der Hundeführer nicht von Anfang an, sich nur auf die Köpersprache seines Hundes zu konzentrieren, wird der Weg vom bekannten Trail zur unbekannten Spur zu weit.

Fähnchen

Die Gefahr bei der Nutzung von Fähnchen besteht darin, dass der HF aufgrund der Fähnchen vielleicht in einem falschen Augenblick in das Suchverhalten des Hundes eingreift und diesen im schlimmsten Fall zum Fähnchen zurück zieht. Die Fähnchenmethode kann jedoch von erfahrenen HF benutzt werden, z.B. wenn durch den Wald nur eine VP-Spur führen soll.

Ziel der Ausbildung ist, dass das Team ohne Führung einen Trail ausarbeiten kann und die VP findet (Mareike mit Schweißhund-Mix Rita).

Timing

Das Timing ist beim Führen eines Teams sehr wichtig. Sagt der Trainer im richtigen Moment das Richtige, kann er Hund und Hundeführer weiterbringen. Beherrscht er das nicht, kann genau das Gegenteil eintreten: Hund und Hundeführer trailen unsicher, ein Arbeiten am Thema (TheraTrailen) oder eine Leistungssteigerung (SportTrailen) ist dann nur schwer oder gar nicht möglich.

Die Körpersprache des Hundeführers ist eine andere, wenn er nicht weiß, wo es langgeht! Der Hund muss nach einiger Zeit lernen, mit dem Nichtwissen seines Halters umzugehen, dabei eigenständig zu suchen und sich nicht, wenn es schwer wird, nach seinem Menschen zu richten. Der Hund ist sonst in einer späteren Phase vom plötzlich veränderten Führverhalten seines Hundeführers irritiert und es kommt zu extremen Verständigungsproblemen zwischen Hund und Halter. Dennoch ist es am Anfang des Trainings wichtiger, dass Hund und Mensch Sicherheit bekommen, und nicht, dass der Hundeführer erkennen kann, wo es langgeht, um den Hund nicht zu frustrieren. Eine Rückorientierung des Hundes zum Hundeführer oder des Hundeführers zum Wissenden ist aber unbedingt zu vermeiden. Dafür ist es wichtig, einen erfahrenen Trail-Leger zu haben, der das Team gut führt (vor allem das richtige Timing und ein gewisses Fingerspitzengefühl besitzt) und auf den Ausbildungsstand von Hund und Halter eingeht.

Wurde die Kreuzung in der Arbeitsphase ausgearbeitet und der Hund hat sich für die richtige Richtung deutlich entschieden, oder zeigt der Hund in einer Kreuzung gleich zu Anfang die richtige Richtung, sollte dies durch den Wissenden vor allem in der Lernphase oder bei einem Korrektur- oder LernTrail sofort bestärkt werden. Das Team bekommt so Sicherheit und der Hund wird in seiner Körpersprache immer deutlicher und für den Hundeführer lesbarer. In der Arbeitsphase wird erst später, gar nicht oder nur ab und zu die Richtung bestätigt, je nachdem, welche Art von Trail gelegt wurde.

Worauf sollte der Trail-Leger achten, wenn er ein Team führt?

- Auf den Ausbildungsstand und die Tagesform des Teams eingehen (Team mehr oder weniger eigenständig arbeiten lassen).
- Vor allem in der Lernphase den Hund nicht „Schwimmen“ oder zu weit von der Spur abkommen lassen. Er wird sonst verunsichert oder frustriert, da der Hundeführer dessen Signale nicht richtig deutet. Der gewünschte positive Effekt bleibt aus. Zudem läuft der Hund Gefahr, ein „Landkreissucher“ zu werden. Der Radius von der Spur weg wird immer größer, die Spurtreue geringer, der Hund „stolpert“, wenn er Glück hat, irgendwann über die VP. Zusätzlich besteht die Gefahr, dass der Hund die Spur nicht mehr annimmt und über das äußerst uneffektive Ausschlussprinzip arbeitet.

- Er sollte nicht stehen bleiben, wenn das Team zu weit in die falsche Richtung geht, oder hinten bereits durch seine Stellung die Richtung vorgeben, in der es weitergeht. Hund und Hundeführer lernen sonst schnell den Wissenden zu lesen.
- Möglichst mit dem Hundeführer so kommunizieren, dass der Hund nicht lernt, auf Verbalsignale des Wissenden zu reagieren. Beispiel: der Wissende sagt immer laut und deutlich „langsam“, der Hund dreht daraufhin bereits um.
- Er geht beim Legen der Spur nicht denselben Weg wie die zu versteckende Person mit. Der Hund lernt sonst, sich auch an der Spur des Wissenden zu orientieren – vor allem, wenn der Trail-Leger immer dieselbe Person ist. Deshalb den Weg immer variieren. Einer geht beispielsweise links um den Häuserblock herum, der andere rechts. Die Spuren können sich unterwegs wieder kreuzen, dann aber wieder deutlich auseinandergehen. Der Hund lernt zu differenzieren.
- Der Wissende sollte beim Auslegen der gesuchten Person nicht bis zum Ende der Spur mitgehen, die letzten „20 Meter“ lässt er die Person alleine laufen. Er schaut ihr aber nach, um sicher zu sein, dass sie auch am vereinbarten Punkt sitzt. (Außer bei Anfängern – da sollte man den Weg die ersten Male komplett mitgehen.)

Der „Wissende“ geht hinter dem „Mensch-Hund-Team“ her; er sollte zügig mitgehen, nicht stehen bleiben oder durch seine Körperhaltung die Richtung vorgeben.

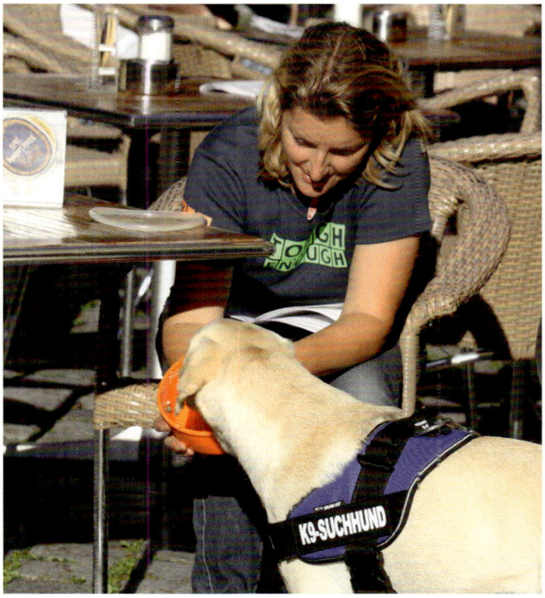

- Er legt jeden Trail individuell für jedes Team und lässt nicht mehrere Hunde denselben Trail laufen, auch wenn das Mehrarbeit in einer Gruppenstunde bedeutet. Man kann allerdings ab und zu einen Trail einbeziehen, indem er nach der Suche des ersten Hundes deutlich verändert wird und dann einen zweiten Hund zum Teil darüberlaufen lassen. So lernt der zweite Hund, nicht dem Vorgänger zu folgen.
- Der Trail darf nicht zu lang oder zu schwer gelegt werden. Die Spur sollte für den Hund Motivation genug sein. Zeigt er Desinteresse z. B. durch zu häufiges Privatschnüffeln oder Pinkeln, hat er etwas nicht richtig verknüpft, noch nicht generalisiert oder er ist überfordert.
- Eine Überforderung kann u. a. durch die Länge des Trails, aneinandergereihte Schwierigkeiten, das Alter der Spur oder die Ablenkung (Straßenverkehr, Menschen, Hunde, Lärm etc.) von außen eintreten.

Spurdifferenzierung

Der Trail-Leger (rot) kreuzt die Spur der VP (grün) und geht nicht den gesamten Trail mit und auch nicht über die Spur der VP zum Start zurück. Sollte der Hund an den Kreuzungspunkten auf die Spur des Trail-Legers switchen, lässt man ihn in der Lernphase diese ca. eine Trail-Leinenlänge angucken bzw. riechen, geht aber nicht weiter mit, sodass der Hund umdrehen und wieder auf der richtigen Spur der VP weiterarbeiten muss. Wurde mit einem Hund diese Spurdifferenzierung richtig trainiert und hat er begriffen, dass er nur die Spur der VP verfolgen soll, sollte er sich die andere Spur eigentlich nicht mehr anschauen. Switcht er dennoch auf die Trail-Legerspur und dreht nicht eigenständig um, kann man ggf. die Suche kommentarlos abbrechen.

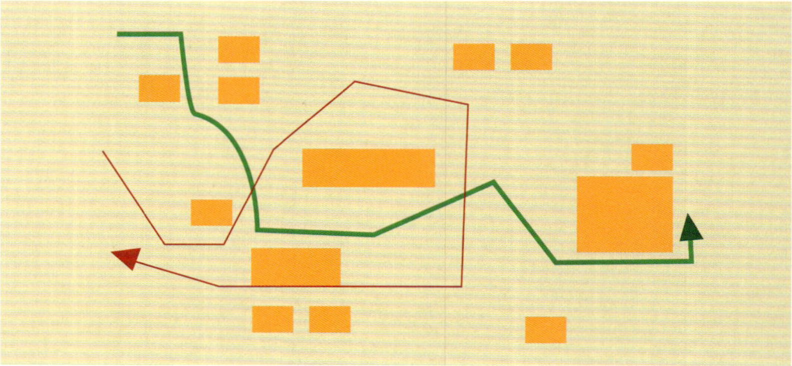

Durch das Trainieren der Spurdifferenzierung lernt der Hund, nur der Spur der VP zu folgen und nicht der Spur des Trail-Legers.

Korrekturen auf dem Trail

Wann sollte man abbrechen?

Entscheidend beim Trailen ist, dass in das aktive Suchverhalten des Hundes nicht eingegriffen wird, indem diesem vorgegriffen wird. Erst wenn der Hund durch seine Körpersprache, Gangart oder beispielsweise „schwammiges Quergehen" anzeigt, dass er die Spur verlassen hat, darf der Hundeführer in der Lernphase durch Reduzierung seiner Geschwindigkeit bei gleichzeitigem „Leinegeben" und „Seitlichdrehen" reagieren. Dies sollte er dann auch tun, da der Hund nur durch seine Körpersprache kommuniziert, ob er sich auf der Spur befindet oder nicht. In der Arbeitsphase dagegen reduzieren sich die Bewegungen des Hundeführers auf ein Minimum. Die Aktionen gehen ausschließlich vom Hund aus. Sollten diese aber ausbleiben und keine Signale ausgesendet werden, dann sollte der Trail abgebrochen und der Hund am Halsband kommentar- und emotionslos zügig zurück ins Auto gebracht werden. Je nach Suchhundetyp kann es effektiv sein, an diesem Tag keinen weiteren Trail anzubieten. Sollte aber ein weiterer Durchgang sinnvoll sein, dann erst nach einer Pause von mindestens 30 Minuten.

Abwechslungsreiche Trails sind für Hunde Motivation genug. Dieser Trail führt für einen wasserliebenden Labrador durch ein Flussbett.

Wann sollte man „einbremsen"?

Oftmals wird die Frage gestellt, wann der Hund „eingebremst" werden sollte. Beispielsweise beim Verpassen eines Abgangs – nach 10, 20, 50, 100 Metern?

Es kommt nicht auf die Distanz an, sondern darauf, ob der Hund das Verlassen der Spur anzeigt (in der Arbeitsphase!). Hat er das nicht erlernt, ist in der Lernphase etwas schiefgegangen und muss intensiv nachgearbeitet werden. Der Abbruch des Trails sollte in jedem Fall als einziges Korrekturmittel stehen. Jede Hilfestellung bedeutet eine Bestätigung des Hundes für die Rückorientierung zum Hundeführer. Der Hund lernt, in den entscheidenden Momenten den Menschen „um Rat zu fragen". Dies ist weder bei Einsätzen noch in Sportprüfungen möglich, denn in diesen Situationen kann der Hundeführer letztendlich auch nicht helfen.

Nach einem verpassten Abgang sollte dem Hund allerdings die Chance gegeben werden, seinen Irrtum an der nächsten Kreuzung zu erkennen und anzuzeigen. Dreht der Hund hier um, muss er sich eigenständig zum Trail zurückarbeiten. Dreht er nicht um, kann der Trail auch mal abgebrochen werden, wenn man sicher (!) ausschließen kann, dass der Hund nicht über Witterung frischen Geruch bekommen hat (dann würde man aktiv in das Suchverhalten eingreifen) und deshalb den „falschen" Weg einschlägt. Muss ein Training mehr als ein- bis zweimal während der Ausbildung abgebrochen werden, ist ebenfalls im Trainingsaufbau zuvor etwas schiefgegangen und der Hund hat entweder eine Situation falsch verknüpft oder er ist überfordert worden.

Verbale Korrektur

Ein „pubertierender Schnösel" muss durchaus hin und wieder zum Arbeiten angehalten werden, vor allem, wenn ihm verlockende weibliche Düfte als Ablenkung in die Nase steigen. Doch sollte dem Hund erst über die verbale Motivation – („Auf geht's", „Los", „Weiter", „Wo ist der Lump", etc.) und gleichzeitiges „Rückwärts-Vorwärts-Gehen" über die Situation hinweggeholfen werden. Rucken, Druck ausüben, Schieben oder Ziehen sorgt nur für Gegenwehr des Hundes und führt zu einer „Diskussion" mit Unterbrechung auf dem Trail. Vielmehr sollte alles im Fluss bleiben und der Hund damit auch schneller zum Weiterarbeiten gebracht werden. Das „Fremdschnüffeln" sollte nicht unbedingt thematisiert, sondern die selektive Aufmerksamkeit sollte gefördert werden. Alles hängt hier von dem der jeweiligen Leistungsstufe angepassten, kreativen und motivierenden Trail ab. Es muss spannend bleiben. Langeweile und Unterforderung sowie das Nichtbeachten der Körpersprache fördern die Ablenkbarkeit des Hundes. Gelingt es allerdings nicht, den Hund über die beschriebene Unterstützung zur Weiterarbeit zu bringen, kann auch stimmlich etwas Druck ausgeübt werden. Wir verwenden dafür das Wort „arbeite". Sollte der Hund seine Arbeit wieder aufnehmen, kann er dafür leise verbal bestätigt werden. Allerdings ist wie so oft auch hier Schweigen Gold. Dadurch wird sich der Hund auf dem Trail leichter in die Arbeit „hineinträumen". Nichts ist schlimmer, als den Hund bei der Arbeit ständig mit Befehlen oder Lob zu beschallen.

Passende Trails

Entscheidend bei der Ausbildung ist nicht die Korrektur, sondern die Trails, die immer aufeinander aufbauen. Der passende Trail zum richtigen Zeitpunkt lässt den Hund am Erfolg lernen und macht eine Korrektur unnötig.

Lernen am Erfolg

Ein motivierter Hund, der über Erfolg gearbeitet wird und sein Handwerk, seine Suchtechnik sowie die eigenständige Problemlösung erlernt hat, wird immer versuchen, die Spur zu verfolgen und die

Zielperson zu finden. Sollte ein Abbruch als Korrektur nötig sein, ist unbedingt Vorsicht vor Überforderung geboten. Zudem sollte diese nur wenn unbedingt notwendig, ohne emotionale Bewertung und kommentarlos geschehen. Die folgenden Trails sollten für ihn sicher lösbar sein. Ein überzeugtes „Nach-Vorne-Arbeiten“ des Hundes ist wichtig, um keinen Bruch in der Entwicklung und keine Verunsicherung beim Hundeführer zu bewirken. Nimmt der Hund eine Korrektur als Bestrafung wahr, kann dies zur Folge haben, dass er in Zukunft die Suche vortäuscht, seine Ehrlichkeit auf dem Trail verliert und mit völliger Überzeugung unerkennbar für den Hundeführer falsche Richtungen anzeigt. Ist dies einmal geschehen, bedarf es mühevoller Arbeit, manchmal fruchtet selbst diese nicht mehr.

Lassen Sie Ihren Hund soweit möglich eigenständig arbeiten. Ständiges Eingreifen wirkt sich negativ auf die Arbeit aus.

Hovawart-Rüde „Boomer“ hat gelernt, die VP in unterschiedlichen Positionen zu finden und anzuzeigen.

Versteckpositionen

Damit der Hund jede VP sicher anzeigt, ist es wichtig, dass man neben der Ortswahl auch die Körperhaltung der VP variiert. So lernt der Hund zu generalisieren. Andernfalls kann es passieren, dass der Hund eventuell nur eine VP in typischer „Opferhaltung“ sicher, alle anderen nicht anzeigt und gegebenenfalls sogar daran vorbeiläuft. Ein ManTrailer muss aber auch beispielsweise gehende Personen anzeigen. Wir empfehlen allerdings, damit erst nach den ersten zehn Trainingseinheiten zu beginnen, wenn der Hund sicher an die VP herangeht! Zudem muss vor allem beim TheraTrailen auf die Position und (Nicht-)Bewegung der VP geachtet werden, je nach Problematik des Hundes.

Verschiedene Positionen der unbewegten VP

- Die VP sitzt in der Hocke. Für den Hund ist diese Position leicht zu erarbeiten. Sie eignet sich auch bei jungen oder unsicheren Hunden, da sich die VP klein macht und sich bei der Bestätigung (z. B. Futtergabe) nicht zum Hund hinunterbeugen muss.
- VP liegt auf einer Bank oder auf einer Wiese. Das kann für den Hund zunächst ungewohnt sein. Meist sucht sich der Hund den Weg zum Kopf der VP und schnüffelt kurz an den Haaren.
- Die VP steht unbeteiligt an eine Hauswand gelehnt.

Körperpositionen

Der Kreativität sind bei der Variation der Körperpositionen keine Grenzen gesetzt. Allerdings sollte die VP auf den Hund nicht unbedingt bedrohlich wirken.

Die Versteckte Person in Bewegung

- Die VP geht langsam auf und ab. Die meisten Hunde tun sich mit einer VP in Bewegung recht schwer. Deshalb sollte die VP beim ersten Mal nur sehr langsam gehen und stehen bleiben, wenn der Hund deutlich zu ihr hinzieht. Hat der Hund dies einige Male trainiert, wäre es gut, wenn er sich der VP z. B. quer „in den Weg stellt" oder die VP durch Vorsitzen zum Stehenbleiben animiert.
- VP fährt langsam in einem Rollstuhl oder geht an einer Gehhilfe.

Versteckauswahl

Bei der Auswahl der Verstecke kann der Trail-Leger sich kreativ betätigen. Wichtig ist, dass dem Hund am Ende genug Zeit gegeben wird, den Fall selbst zu lösen. Der Schwierigkeitsgrad muss angepasst werden, um Frustration zu vermeiden.

Versteckmöglichkeiten der VP

- Die VP steht in einer Telefonzelle oder in einem Hauseingang. Anfangs steht die Tür leicht offen. Bei erfahrenen Hunden bleibt sie geschlossen. Hund zeigt erst die Tür (bei Hunden, die zu Rückorientierung zum Hundeführer neigen, nie die Türanzeige einfordern), dann die VP an.
- Die VP sitzt erhöht, z. B. auf einem Baum oder einem Container. Hier warten wir so lange, bis der Hund nach oben schaut. Die VP sollte auf keinen Fall plötzlich vom Baum herunterspringen und den Hund damit erschrecken.
- Die VP liegt in einer leeren Röhre (z. B. ein trockener Kanal) oder in einer Senke im Wald (mit Ästen darübergelegt). Solche Verstecke erhöhen beim Hund die Motivation, sich richtig an die VP heranzuarbeiten.

Platz ist in der kleinsten Tonne. Der Kreativität an Verstecken sind keine Grenzen gesetzt.

Personenanzeige

Die Anzeige der VP durch eindeutiges Verhalten des Hundes bei einer Vermisstensuche (ebenso wie die im Anschluss beschriebene Differenzierung) wird eigentlich nur bei Einsätzen mit Straftäterverfolgung wirklich benötigt. Bei der Vermisstensuche liegt meist eine Personenbeschreibung mit Foto und Angabe der Kleidung, die der Vermisste am Tag seines Verschwindens getragen hat, vor. Dennoch ist die Anzeige der VP auch aus dem Sport- und TheraTrailen nicht mehr wegzudenken. Durch die eindeutige Anzeige des Hundes, welche Person er gesucht und gefunden hat, weiß der Hundeführer auch bei einer ihm unbekannten Person, wann er sein Ziel erreicht hat. Auf manchen Trails begegnet man Personen, die der Hund abchecken möchte, während er an vielen anderen einfach vorbeitrailt. Dann ist es wichtig, dass der Hundeführer den Unterschied zwischen „nur mal abchecken" und „juhu, diese Person ist es" erkennen kann. Die Anzeige an sich kann für den Hund – je nachdem, welche Form gewählt wird – noch einmal ein Verstärker sein (Verbellen oder Anspringen bei Rettungs- oder Polizeihunden) oder eine Übung in Konzentration (Vorsitzen oder Hinlegen beim Sport-, Thera- und ManTrailen).

1 Der junge Australian Shepherd ist an den Personen im Hintergrund vorbeigetrailt und steuert deutlich zur VP im Vordergrund hin (zur VP eingedrehte Körperstellung, Kopfbewegung zur VP).

2 Der Hund ist in seiner Ausbildung weit genug, dass die Anzeige vorbereitet werden kann. Er geht sicher an die VP heran, diese reagiert aber nicht sofort. Der Hund denkt nach: „Aber die ist es doch!", und fordert selbstständig eine Reaktion der VP ein.

1

2

1

2

1 Vor allem bei Hunden, die später in den Einsatz gehen sollen, ist das Hinlegen eine gute Anzeige, da häufig auch Kinder vermisst werden, die sich sonst eventuell erschrecken.

2 Der Hund darf keinesfalls die VP bedrängen, um an sein Futter zu kommen. Hitchcock wartet hier geduldig, bis Timi die Dose öffnet und ihm hinstellt.

Einführen der Anzeige

Keinesfalls sollte die Anzeige bei der Ausbildung zu früh eingebaut werden, da der Hund sonst schnell den Spaß an der Arbeit verlieren kann. Kommt der Hund nach der Suche bei der VP an und keiner freut sich mit ihm über den Erfolg, sondern verlangt erstmal ein „Sitz" oder wartet ewig auf irgendeine Anzeigeform des Hundes, ist die Freude über den eigentlichen Erfolg (Finden der Person) schnell getrübt. Es kann für den Hund der Eindruck entstehen, als bekäme er die Belohnung (Futter) mehr für das „Sitz" am Ende, als für das Ankommen bei der Vermissten Person.

Ist der Hund in der Ausbildung so weit, dass die Anzeige eingebaut werden kann, sollte dies wenn möglich nicht über eine Hilfe in Form von Hörzeichen („Sitz") oder Handbewegung aufgebaut werden. Meist bietet der Hund von sich aus eine Anzeige an, wenn der Zeitpunkt richtig ist.

ErlebnisTrail

Organisation

Der Organisator muss die Teams und deren Belastbarkeit gut kennen, um Unfälle und Überforderung zu vermeiden. Zudem ist es ratsam, an den verschiedenen Stationen Helfer zu postieren, damit sich der Hundeführer sicher fühlt.

Bei all der notwendigen Technik, ist der Spaßfaktor beim Trailen im Sportbereich sehr wichtig. Eine gute Möglichkeit, dies auszuschöpfen, ist das Organisieren von Erlebnistagen oder -wochenenden, bei welchen es nicht vordergründig darum geht, sich technisch zu verbessern, sondern mit dem Hund als Team Spaß zu haben und gemeinsam Abenteuer zu erleben. Nach solchen Wochenenden haben uns schon einige Hundeführer freudestrahlend berichtet, dass sich ihre Beziehung zum Hund verbessert hat. Ein häufig genanntes Beispiel: Der Hund bleibt plötzlich beim Gassigehen unaufgefordert im Nahbereich des Hundeführers. Der Hundeführer hat das Gefühl, sein Hund betrachtet ihn mit „anderen Augen". Hier ein paar Beispiele für Trail-Erlebnistage (ab Stufe Orange/Grün).

GondelTrail

Die VP ist ca. 20 Minuten zuvor (oder länger, je nach Schwierigkeitsgrad) losgelaufen. Wir starten nun mit dem Hund auf dem Parkplatz am Auto der VP am Fuße eines Berges. Die Spur führt ca. 100 m zur Gondelstation, an der die VP zuvor in eine Gondel gestiegen ist. Der Hund zeigt hier durch Negativanzeige an, dass die VP in eine Gondel gestiegen ist („Warm Up"). Wir nehmen die nächste Gondel und fahren mit dem Hund zur Bergstation („Abenteuer"). Dort steigen wir aus. Meist benötigt der Hund nach der Fahrt nicht nochmals den Geruchsartikel, sondern trailt nach dem Kommando sogleich weiter. Die Spur führt nun nochmals ca. 100 m zur Berghütte („Cool Down"). Dort befindet sich die VP zum Beispiel am Eingang.

Schluchtenwanderung

Wir starten am Eingang einer Schlucht mit kurzen MotivationsTrails (bis ca. 150 m), die die Teams auflockern sollen („Warm Up"). Anschließend geht jedes Mensch-Hund-Team einzeln nacheinander im Abstand von 15 Minuten durch die Schlucht. In einer 1- bis 2-stündigen, leichtmittelschweren Wanderung geht es auch einmal über kleine Hängebrücken o.Ä. („Abenteuer"). Am Ziel angekommen, gibt es nach einer kurzen Pause für jedes Team wieder einen kurzen MotivationsTrail („Cool Down"). Gemeinsam geht es einen leichten Weg zurück.

Abseilen an Burgruinen

Hierbei könnte das Abseilteam (bitte mind. zwei Trainer mit Abseilerfahrung und den passenden Geschirren für jede Hundegröße!) als VP fungieren. Die Burgruine liegt nicht sichtbar in einem Waldstück auf einer Anhöhe. Das Abseilteam ist bereits zuvor losgelaufen, hat Geruchsartikel am Auto hinterlassen und die passende Stelle gesucht, das Seil gespannt und Abseilgeschirre für die Hunde und Hundeführer vorbereitet. Wir starten am Auto nacheinander mit den Suchteams. Die Aufgabe für die Fortgeschrittenen lautet: „Findet die Abseilstation", sie trailen quasi „blind" („Warm Up"). Wurde die Abseilstation gefunden, werden die Teams nacheinander abgeseilt („Abenteuer"). Für Teams, die noch nie zuvor abgeseilt wurden, empfiehlt es sich, das Seil horizontal und nicht zu hoch über dem Boden zu spannen. Zunächst wird nur der Hund hinübergeseilt, der Hundeführer läuft nebenher. Auf dem Rückweg wird auch der Hundeführer in einem Sitzgeschirr mit hinübergeseilt. Hierbei kann man zusätzlich Beziehungsarbeit leisten, wenn in einem anderen Durchgang nur der Hundeführer zurückgeseilt wird und der Hund unter seinem Herrchen frei mitläuft. Ist der Abseildurchgang abgeschlossen, gibt es nach einer Pause einen kleinen lustigen AbschlussTrail auf dem Ruinengelände („Cool Down"). Anschließend laufen alle gemeinsam zurück zum Parkplatz.

Trail-Erlebnistage machen Spaß und fördern die Beziehung und das Vertrauen zwischen Halter und Hund.

Kanufahrt

Der Trail führt ein paar Hundert Meter zu einer Stelle am Fluss oder See. Wir ziehen Schwimmwesten an und setzen mit dem Kanu (selbst paddeln) oder Motorboot (Profi) zum anderen Ufer über. Dort geht der Trail noch 200 m weiter bis zur VP.

Schneelöcherschnüffeln

Verschieden große Schneehöhlen werden nebeneinander gegraben. Der Hund muss herausfinden, in welchem Loch die VP versteckt ist. Sehr gut auch für die Differenzierungsübung geeignet, indem man mehrere Leute gleichzeitig versteckt. Doch Achtung bei Mehrfachbelegung! Alter Geruch! Der Hund kann auch frei (ohne Leine) suchen, sollte aber über Spur angesetzt werden.

Trail-(Halb)marathon (THM)

Der Trail ist 21 Kilometer lang und wird in Trail-Gruppen bestritten, da diese Strecke für einen Hund natürlich zu weit ist und es zudem in der Gruppe mehr Spaß macht. Der THM sollte nicht im Sommer bei warmen Temperaturen stattfinden. Den Weg kann eine VP komplett durchlaufen (dabei muss man bedenken, dass die Hunde, die bereits am Anfang suchen, meist die komplette Strecke weitersuchen, auch wenn sie nicht mehr dran sind, da sie den Geruch gespeichert haben). Oder man teilt die Strecke auf mehrere VPs hintereinander auf. Wichtig ist, zuvor mit den Teams bereits ein paar AusdauerTrails trainiert zu haben.

Tatort

Bei einem „Tatort" wird wieder eine Gruppe gefordert, da eine Teamaufgabe gestellt wird. Die Teams suchen (wie bei einem Einsatz) „blind" und über eine längere Strecke. Hierbei gibt es zahlreiche spannende Fälle zu lösen. Zum Beispiel: Start am Wohnhaus in der Stadt, Trail zur Bahn, Stationen checken. An einer Haltestelle geht die Spur weiter und führt in den Wald. Dort befindet sich die VP.

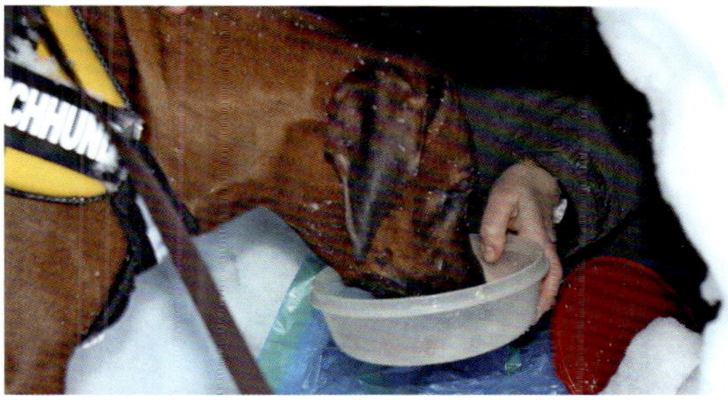

Schneelöcherschnüffeln ist nicht nur etwas für Lawinenspürhunde, sondern können auch mit dem Familienhund zum Abenteuer werden.

Die Leistungsstufen (SportTrailing)

Die Kategorien beim SportTrailen

Wer nicht im Profibereich arbeiten möchte, für den ist SportTrailen eine gute Alternative.

Möchte man mit seinem Hund im Basic- oder TheraTrail-Bereich arbeiten, ist es nicht unbedingt notwendig, für die Grundstufe Weiß bis Grün Prüfungen abzulegen. Der Sprung von der Grundstufe Grün, die für nahezu jedes Team zu schaffen ist, zur Leistungsstufe Blau ist groß. Ab dieser Stufe sind Prüfungen Pflicht. Zudem beginnt mit dem Eintritt in die Leistungsstufe für das Team auch eine neue Phase, die Mentalphase. Ab hier heißt es „tough enough“ sein, denn die Grundausbildung von Hund und Mensch ist abgeschlossen, und es beginnt die Zeit, in der das Team eigenständig komplexe Trails lösen muss. Da dies für den BasicTrail- und TheraTrail-Bereich nicht notwendig ist – dort steht das sichere Führen des Teams im Vordergrund –, ist SportTrailen für die Teams gedacht, denen BasicTrailen zu wenig ist, und der Profibereich beispielsweise zu zeitintensiv oder aus sonstigen Gründen nicht durchführbar ist. Ein Helfer als „Zweiter Mann“ ist beim SportTrailen notwendig, der Trainer tritt in den Hintergrund, das Team ist mehr und mehr auf sich alleine gestellt. SportTrailen ist mittlerweile ein Hundesport, in dem sich begeisterte Trailer in den unterschiedlichen Sparten Street, Cross und Indoor auf Meisterschaften messen können.

Die Stufe Blau

Ab dieser Stufe erhöht sich die Liegezeit der Trails auf bis zu 24 Stunden und die Länge auf bis zu 400 Meter. Die Trails können sämtliche Schwierigkeiten beinhalten – außer jeglicher Form eines Negativs (siehe S. 119). StadtTrails (Kategorie StreetTrail) führen durch belebtes Gebiet.
Das souveräne und möglichst spurtreue Lösen der Aufgabe unter Ablenkung durch äußere Reize (Autos, Menschen, Hunde etc.) und die Souveränität des Teams, unter diesen Bedingungen nicht den Überblick zu verlieren, stehen im Vordergrund und nicht die Länge des Trails. 400 Meter unter schweren Bedingungen gut zu lösen, reicht völlig aus. Der Hund sollte hierbei bis zum Schluss konzentriert und motiviert arbeiten, ohne in der Suchintensität nachzulassen. Der Hundeführer sollte erkennen, wann er seinen Hund unterstützen muss, ihn ansonsten aber eigenständig arbeiten lassen.

Trainingsbeispiele

a) Blau leicht (Cross; bitte auf Tiere im Wald/Schonzeiten Rücksicht nehmen und beim Legen auf Windrichtung achten): 400 m, 12 Stunden alt. Start am Waldrand auf einer befestigten Forststraße. Dem Hundeführer wird nur der Startplatz gezeigt, ein Hinweis, in welche Richtung der Trail verläuft, wird nicht gegeben (beispielsweise Hund in Trail-Richtung ansetzen lassen). Die VP läuft am Start links auf die offene Fläche und dann rechts ein Stück in den Wald; dann geht sie weiter auf dem eigentlichen Weg geradeaus bis zur ersten Kreuzung. Dort läuft sie eine Verleitung links, bevor es nach rechts auf den Waldweg abgeht (Trail). Nach ca. 50 Metern geht es links einen atypischen Abgang (z. B. Trampelpfad) tiefer in den Wald hinein. Dort hält sich die VP eine Weile an einem Ort auf (Pool). Dann läuft sie ein großes „P“ links herum und kreuzt die eigene Spur nach rechts (Trail-Verlauf). Es geht links über den befestigten Weg wieder atypisch weiter durch den Wald über eine Forststraße. Verleitung nach links. Trail führt schräg rechts zur VP. Die VP sitzt auf dem Hochsitz. Da der Trail mehrere Stunden alt ist, muss er so geplant sein, dass die VP von hinten eingebracht werden kann (siehe S. 121).

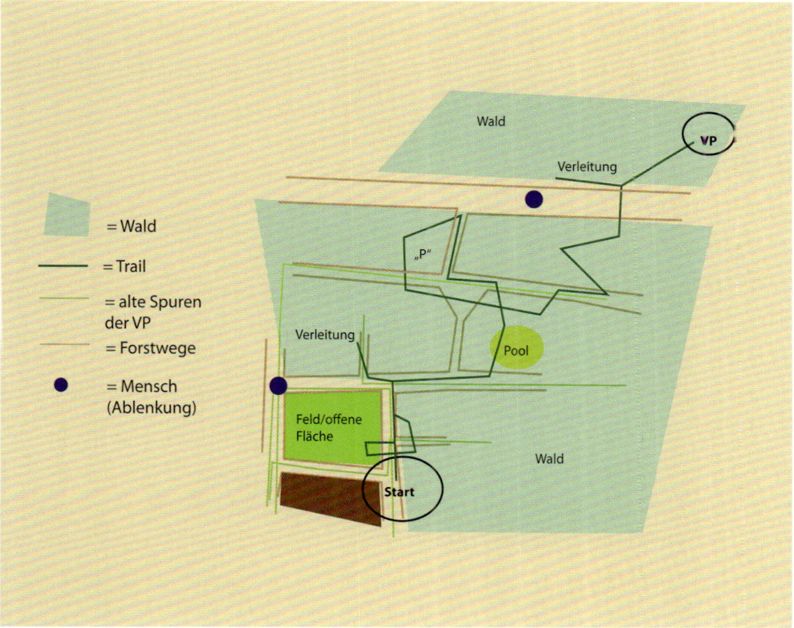

Beispiel eines SportTrails in der Sparte Cross.

b) Blau schwer (Street; Helfer zur Absicherung im Straßenverkehr und GUV-Warnwesten sind Pflicht. Hund muss ebenfalls gut gekennzeichnet sein. Die Sicherheit des Teams geht immer vor.): 500 m, 24 Stunden alt, Innenstadt. Start ist am Bahnhofsplatz einer Kleinstadt, beispielsweise im Foyer. Der Trail führt nach draußen und links wird ein großes „P“ über den Busbahnhof gelegt, dann geht der eigentliche Trail rechts ab, der Straße entlang. Links eine Treppe hinab und über ein altes Postgelände zur Hauptstraße vor. Die VP läuft eine Verleitung nach links, wechselt die Straßenseite und geht rechts zurück. Die Treppen hinab durch eine kleine Fußgängerunterführung und auf der anderen Seite wieder hinauf. Hier wird wieder eine Verleitung gelegt, dann geht es über die Brücke Richtung Innenstadt. Die VP kehrt in einem Café ein und trinkt dort einen Kaffee (Pool). Sie legt anschließend eine Verleitung über die Straße, geht ein kleines „P“ um Geschäfte herum, wechselt wieder die Straßenseite und legt eine Verleitung nach rechts in eine Nebenstraße. Der Trail führt weiter die Hauptstraße entlang und geht rechts ab in eine kleine Geschäftsstraße. Dort geht die VP vor Schaufenstern auf und ab.

Beispiel eines SportTrails in der Sparte Street.

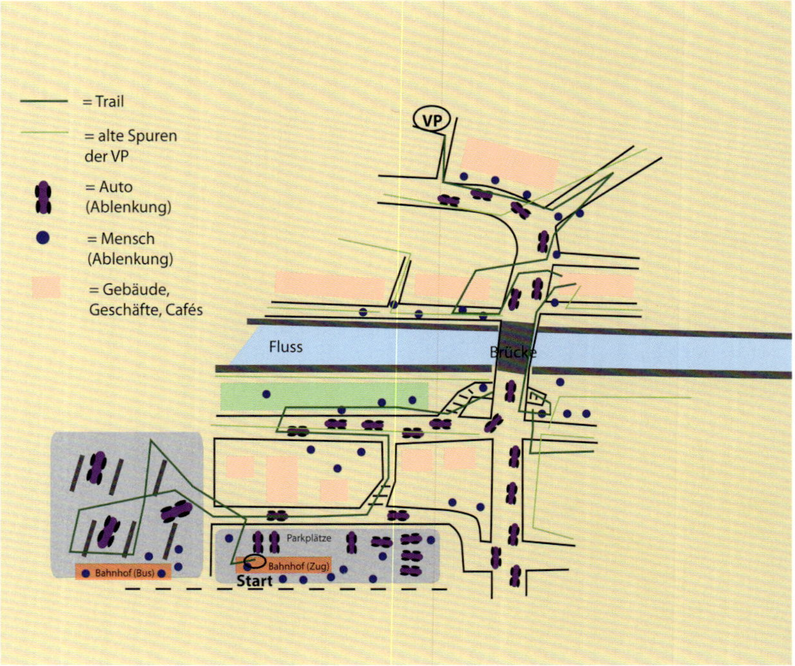

Prüfungen im SportTrailen

Wer beim Trailen im Sport- oder Profibereich aktiv sein möchte, sollte bereits in der Grundstufe mit Prüfungen der einzelnen Farbstufen anfangen. Das Prüfungssystem von K-9 ist so aufgebaut, dass das Team von Anfang an langsam daran gewöhnt wird, ohne Führung durch den Trail-Leger oder Trainer einen Trail eigenständig – und dabei möglichst spurtreu – zu lösen. Es wird in kleinen Schritten die Trail-Länge, Liegezeit und der Schwierigkeitsgrad des Trails gesteigert.

Grundstufe Weiß-Grün über Leistungsstufen Blau bis Braun

In der Grundstufe „Weiß-Grün" steht dem Hundeführer noch ein „Ok" am Start durch den Prüfer zu, wenn der Hund deutlich die richtige Richtung eingeschlagen hat. Zudem bekommt der Hundeführer einen „Joker" für unterwegs. Er kann fragen, ob er an einer bestimmten Stelle richtig ist (es wird ihm aber nicht gesagt, an welcher Stelle der Trail weiterführt). Die Prüfung „Blau" der Leistungsstufe sieht kein „Ok" am Start mehr vor, der Hundeführer hat aber einen Joker. Bei „Braun" läuft das Team zwei Trails blind. Der Prüfer gibt keine Auskunft mehr. Ein Trail kann auch ein Negativ sein. Hier ein Auszug aus der Prüfungsordnung für SportTrailer.

Prüfung nach K-9-Richtlinie (Leistungsstufe „Blau")

- Suchzeit 35 Minuten, Liegezeit 3–12 Stunden
- Leinenführung: Basics 4 (Handling/Tempo flüssig)
- Trailen: Basics 4 (harmonische Arbeit, Trail-Tempo der Situation angemessen, optimales „Rückwärtsgehen" und „Seitlichstellen", durchdachtes Führen des Hundes, Einplanung der Umgebung (schmale Abgänge von großem Platz in kleine Wege + Kaminsituation, sicheres Trailen entlang großer Straße, bzw. Überquerung), eigenständiges und konzentriertes Arbeiten. Hund und Hundeführer belastbar (Stress durch hohe Ablenkung, etc.)
- Ankommen an der Person: deutliche Anzeige ohne Hilfen
- Suchgebiet stärker kontaminiert (alt/neu)
- Differenzierungen sind möglich
- Fremdpersonen sind zu suchende Personen. Keine Opferbeschreibung, nur Geschlecht + Altersangabe bei Nachfrage
- Ab Blau B ist ein Helfer Pflicht (Sicherheit im Stadtgebiet).

Trainerlizenz

Die Stufen „Blau" und „Braun" dürfen nur von einem zertifizierten Prüfer abgenommen werden, der mit seinem Hund selbst die höchste Stufe dieser Sportprüfung oder die Profiprüfung von K-9 oder eine vergleichbare Prüfung einer Organisation bestanden hat. Die Stufen „Weiß" bis „Grün" darf nur ein lizenzierter SportTrail-Trainer (STT) abnehmen.

> **Trail-Ende mit Negativ**
> Einer dieser beiden Trails kann auch mit einem normalen Negativ (kein Ansatz-Negativ, kein „weiches Negativ") enden, das erkannt und deutlich benannt werden muss (bis auf 50 Meter genau). Beide Trails müssen erfolgreich absolviert werden (Fund oder Aussage bei Negativ).

Stufe A

- Länge: 300–400 Meter, Ende frei wählbar (unter Zweigen, Hochsitz oder Ähnliches).
- Opfer versteckt, Differenzierung sollte mind. 20 Meter entfernt sein. Der Hundeführer weiß nicht, welche Person das Opfer ist.
- Eine Hilfe ist erlaubt (siehe Grundstufe Weiß, S. 59 f.).

Stufe B

- Länge: 300–400 Meter, belebtes Wohn- bzw. Stadtgebiet
- Start auf Platz mit Pool möglich
- Alle Untergründe möglich (Asphalt – Kies – Wiese etc.)
- Differenzierung mit Fremdperson kann auf Sicht sein.
- Ende frei wählbar (z. B. in ein Gebäude, Bankeingang, Café o.Ä.).
- Eine Hilfe (der sogenannte „Joker") ist auf dem Trail durch die Prüfer erlaubt.

Prüfung nach K-9-Richtlinie (Leistungsstufe „Braun")

Die braune Stufe unterscheidet sich von der blauen vor allem in der Prüfung, denn es gilt, zwei Trails zu bestehen. Zudem kommt das harte Negativ hinzu, denn einer der beiden Trails kann ein hartes Negativ sein und der Hundeführer muss es als solches erkennen und bis auf 50 Meter den Endpunkt benennen.

- 2 Prüfungs-Trails an einem Tag
- Suchzeit jeweils 60 Minuten
- Suchgebiet stark kontaminiert
- Liegezeit mind. 12, aber nicht älter als 48 Stunden
- Gebäude, Tiefgarage etc. möglich
- Keine Hilfe

Stufe A

- Länge bis zu 600 Meter, Wald
- alle Abgänge sind möglich (z. B. Sprung über Bach, Unterholz)
- Schwierigkeiten wie Pool, Verleitungen, etc.

Stufe B

- Länge bis 500 Meter, belebtes Wohngebiet
- Verleitungen, Pools, Parallelspur können auf Trail gelegt werden.

Hütehunde wie z.B. Australian Shepherds können über das SportTrailen geistig und körperlich sinvoll beschäftigt werden.

Das Ansatz- und das Harte Negativ

Für Braun benötigen wir die zwei einfacheren Negativs: das Harte Negativ und das Ansatz-Negativ. Einfacher, weil man sie am Hund gut erkennen kann. Zum schwer erkennbaren Negativ (das Weiche Negativ) kommen wir im Kapitel der Profistufen (siehe S. 131).

Ansatz-Negativ

Die gesuchte Person war nicht am Ansatzpunkt und somit führt auch keine Spur weg. Hier gibt es mehrere Möglichkeiten, je nach Typ Hund: Der Hund checkt zunächst alle möglichen Richtungen ab, geht aber in keine Richtung los, bewegt sich quasi im Kreis und schließt aus. Manche Hunde bleiben sofort nach Geruchseingabe stehen und gehen erst gar nicht los, zeigen das Negativ eventuell durch Hinsetzen oder Ähnliches an. Dem Hund eine deutliche Anzeige wie „Sitz" o.Ä. beizubringen, kann später Probleme mit sich bringen. Manche Hunde neigen dazu, diese dann anzuwenden, wenn sie sich auf dem Trail schwertun, beispielsweise beim Ausarbeiten einer Kreuzung in der Innenstadt. Sollte der Hund im Training bei einem Negativ lostrailen, obwohl keine Spur vorhanden ist (ghost trail), muss er unbedingt korrigiert werden. Er soll lernen, dass es auch okay ist, wenn keine Spur wegführt. Je nach Typ Hund sollte man es mit dem Negativ nicht übertreiben. Ist der Suchtrieb beispielsweise nicht so stark ausgeprägt, kann es passieren, dass der Hund eine Startproblematik entwickelt und schwer oder gar nicht losgeht, auch wenn eine frische Spur wegführt.

Hartes Negativ

Es existiert eine Spur, diese endet aber, indem die gesuchte Person in ein Auto, Zug o.Ä. steigt und wegfährt. Der Hund zeigt die Stelle an, an der die Person in das Transportmittel eingestiegen ist.

Meisterschaften

SportTrail-Wettkämpfe werden in drei Kategorien ausgerichtet:

Street

StreetTrail ist technisch anspruchsvoll und verlangt dem Hund Höchstleistung ab. Bewertet wird hier das Ausarbeiten der Spur und die Konzentration des Hundes auf die Sucharbeit von Anfang bis Ende unter Ablenkung sowie das Problemlösen des Teams in einer Konfliktsituation (20%). Gemessen wird zudem die Zeit, die vom Start bis zum Auffinden der VP benötigt wird, in Kombination mit Spurtreue (jeweils 40%). Die ersten StreetTrail-Meisterschaften wurden bei den „Ammersee Open“ 2008 in Bayern mit rund 30 Teams ausgetragen.

Cross

CrossTrail kann körperlich anstrengend werden, denn die Trails führen querfeldein über Stock und Stein. Eine Mauer, ein Bach oder Zaun darf für das Team kein nennenswertes Hindernis darstellen. Bewertet wird neben der Zeit und Spurtreue auch die Fitness und Ausdauer des Teams.

Indoor

IndoorTrailen ist für Hunde, die gern exakt arbeiten, Türen anzeigen und kein Problem mit glatten Böden, Treppen oder Aufzügen haben. Bewertet wird hier das ruhige, zielstrebige Arbeiten und die Genauigkeit bei Türanzeigen sowie das Eindringverhalten und Heranarbeiten an die VP. IndoorTrailen findet (nach Absprache), z. B. in Altenheimen, Schulen, Tiefgaragen (Achtung mit Autoabgasen) statt.

Trailen in einer Tiefgarage.

Der Labrador Retriever hat gelernt, sicher auf dem glatten Boden in der Garage zu laufen.

Das Legen eines alten Trails

VP aus- und wieder einbringen

Ab der Stufe Blau werden auch alte Trails ab 12 Stunden Liegezeit gearbeitet. Da die VP meist nicht so lange im Versteck bleiben kann, muss sie in der Regel vom Ende des Trails weggebracht und zur Suchzeit wieder eingebracht werden. Damit hierbei keine Fehler unterlaufen, die für den Hund ungewollte Konflikte darstellen können, ist es wichtig, ein paar Dinge zu beachten:

1. Das Auto der VP nicht am Startpunkt des Trails parken, wenn sie nach dem Trail-Legen damit wieder wegfahren möchte. Besser: am Endpunkt des Trails parken oder außerhalb des Gebietes und (sich) zum Startpunkt hinfahren (lassen).

2. Die VP sollte nach dem Legen des Trails die Spur weder mit dem Auto kreuzen, noch ihr parallel zu nahe kommen. Nach Möglichkeit fährt sie nach hinten vom Trail weg bzw. wird weggefahren und so auch wieder ins Versteck gebracht. Kann diese Himmelsrichtung nicht beibehalten werden, sollte zumindest ein 1 km großer Abstand zur Spur beibehalten werden. Das ist vor allem bei Prüfungen oder ungeführten Trails wichtig, bei denen das Team auch weiter von der Spur abkommen kann, dabei womöglich auf die frischere Autospur trifft und eventuell in einen Konflikt gerät. SportTrailern kann man natürlich beibringen, nur die gelaufene Spur zu verfolgen, bei Rettungshunden sollte der Hund aber immer den frischesten Geruch nehmen. Gerade im Endpool-Bereich müssen sich die Hunde auch einmal mit hoher Nase über Witterung an die Vermisste Person arbeiten, vor allem, weil sich diese im Echteinsatz die ganze Zeit dort wirklich aufgehalten hat und der Geruchspool dementsprechend groß ist. Somit besteht bei einem echten Einsatz auch die Problematik (gelaufene Spur ist älter als gefahrene) meist nicht, da sich die Vermisste Person, wenn sie zu Schaden gekommen ist, am Ende der Spur aufhält. Ist sie doch weggefahren, zeigt der Hund im Einsatz eben ein Negativ an, während er im Training womöglich auf den älteren Geruch (nämlich der gelaufenen Spur) „gedrückt" wird, da ja eine VP ausgelegt wurde.

1 Aus- und Einbringen einer VP. Der grüne Pfeil zeigt den richtigen Weg an. Auf keinen Fall sollte die VP parallel zur Spur weggebracht werden.

2 Aufteilen eines Trails. Der Trail wird in zwei Strecken aufgeteilt und kann somit von zwei Teams gearbeitet werden.

1

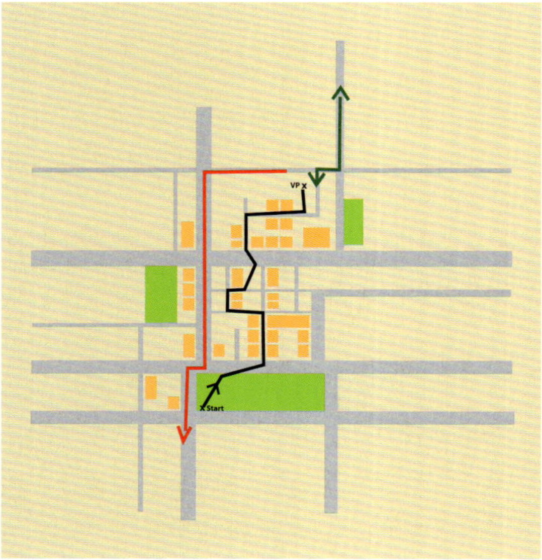

2

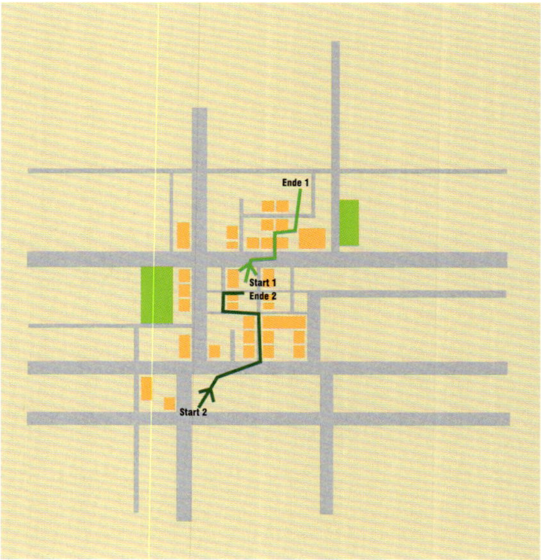

Ein Trail kann auch in mehrere Strecken aufgeteilt werden, die von verschiedenen Hunden gearbeitet werden.

Aufteilen eines Trails

Da die Organisation eines alten Trails viel Zeit in Anspruch nimmt, kann man, wenn man mehrere Hunde trainiert, auch einen langen Trail in zwei (oder mehrere) Strecken aufteilen. Wichtig ist hierbei zu beachten, den Trail so abzusuchen, dass das erste Team vom Mittelstück des Trails zum tatsächlichen Endpunkt arbeitet, da dies der „frischere“ Teil ist. Ist das erste Team fertig, kann die VP zum Mittelteil gebracht werden. Dies ist nun der Endpunkt für das zweite Team, das nun vom eigentlichen Startpunkt des Trails losgehen kann.

Differenzierung von Personen

Wir verstecken zusätzlich in der Nähe der gesuchten VP noch eine oder mehrere andere Personen zur Ablenkung. Dies dient vor allem dazu, dass der Hund lernt, nur die gesuchte Person, von der er den Geruchsartikel bekommen hat, anzuzeigen. Er darf bei der Suche nur seine Nase einsetzen und nicht auf Sicht arbeiten. Wir empfehlen, die Differenzierung von Personen („scent discrimination“) erst ab der Stufe Orange einzubauen, wenn der Hund sicher zur VP geht und diese eigenständig (durch Vorsitzen o.Ä.) anzeigt. Zudem sollte mit der leichteren Spurdifferenzierung begonnen werden (zwei oder mehr Spuren führen gleichzeitig vom Start weg, kreuzen sich unterwegs, die Spur der Differenzierungsperson führt aber dann deutlich weg vom eigentlichen Trail. Oder die VP-Spur ist älter, eine frischere führt vom Start weg in eine andere Richtung oder kreuzt, führt dann deutlich ab vom eigentlichen Trail).

Einbringen einer „falschen“ Person

Übt man mit dem Hund die Differenzierung von Personen zum ersten Mal, ist es wichtig, dass die „falsche“ Person nicht über dieselbe Spur eingebracht wird, wie die zu suchende VP, sondern von hinten bzw. der Seite (siehe Zeichnung S. 124); hierbei auf den Wind achten. Der Wind sollte in Trail-Richtung wehen, nicht von der VP kommend zum Trail hinüber. Erst wenn der Hund erfolgreich differenziert hat, kann man weiterführend arbeiten.

Damit der Hund lernt, nur die gesuchte Person anzuzeigen, wird noch eine zweite Person zur Differenzierung eingebracht.

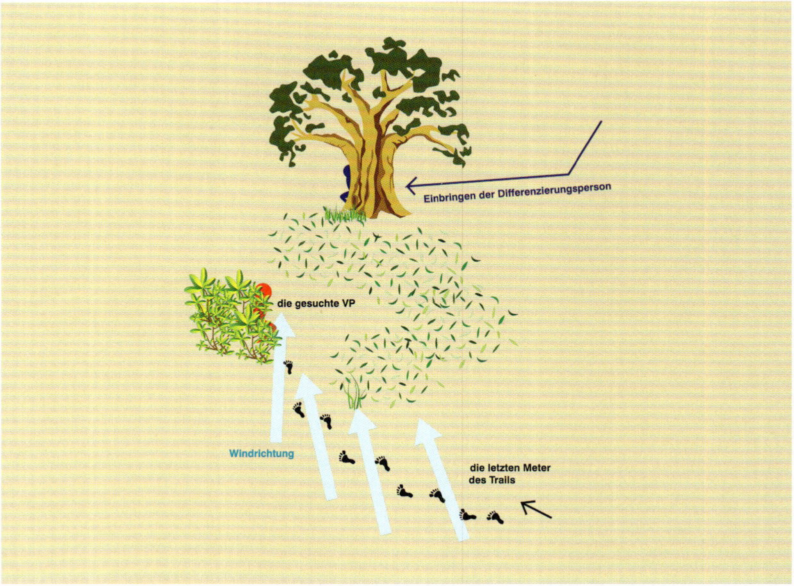

Differenzierung mit Trail, leicht

1. Der Hund kommt am Ende des Trails zuerst bei der gesuchten Person an, die er bereits gut kennt. Die zweite Person dient hier zur Ablenkung. Sie ist dem Hund nicht gut bekannt und steht oder sitzt weiter weg vom Trail. Die zweite Person ist für den Hund auch nicht sofort sichtbar.
2. Der Hund kommt am Ende des Trails zuerst bei der gesuchten Person an, die er bereits gut kennt. Die zweite Person dient wieder zur Ablenkung. Sie ist dem Hund nicht gut bekannt, steht näher am Trail und ist für den Hund auch nicht sofort sichtbar.

Differenzierung mit Trail, mittel

1. Der Hund kommt am Ende des Trails zuerst bei der gesuchten Person an, die ihm nicht gut bekannt ist. Die zweite Person dient zur Ablenkung und ist dem Hund bekannt. Sie steht etwas weiter weg vom Trail und ist für den Hund nicht sofort sichtbar.
2. Der Hund kommt am Ende des Trails zuerst bei der gesuchten Person an, die ihm nicht gut bekannt ist. Die zweite Person dient zur Ablenkung. Sie ist dem Hund gut bekannt, steht oder sitzt nahe am Trail und ist für den Hund sichtbar.

Differenzierung mit Trail, schwer

1. Der Hund kommt zuerst an der Differenzierungsperson vorbei, die nah am Trail positioniert ist. Die gesuchte Person ist dem Hund nicht bekannt und ist für den Hund nicht sofort sichtbar versteckt.
2. Die dem Hund unbekannte gesuchte Person sitzt am Ende des Trails zusammen mit mehreren Differenzierungspersonen an einem Tisch. Der Hund soll deutlich die gesuchte Person anzeigen (z. B. durch deutliches Vorsitzen, Anstupsen o. Ä.).

Differenzierungen sollten nur in Maßen trainiert werden und der Trainingsaufbau muss genau durchdacht sein, da sonst schnell etwas in die falsche Richtung laufen kann (Hund zeigt falsche Person an etc.). Hierbei ist viel Fingerspitzengefühl und Erfahrung nötig, um Korrekturen (z. B. Abbruch der Suche) möglichst selten anwenden zu müssen und den Hund nicht zu verunsichern.

Differenzierung ohne Trail, leicht

Spur unter 15 Meter Länge, 2 Personen (beide sichtbar oder beide versteckt); leicht
Hier unterscheidet man das Splitting in „V-Form" und das Splitting in „X-Form".

Differenzierung ohne Trail, mittel

Spur unter 15 Meter Länge, 2 Personen (Differenzierungsperson sichtbar, gesuchte Person versteckt oder beide sichtbar); mittel
Hier unterscheidet man das Splitting „touch and go“ und „Snake“.

Differenzierung ohne Trail, schwer

Spur bis zu 15 Meter Länge, 5 Personen (alle sichtbar); schwer
Das „Line up“ ist der Klassiker aus der Straftäterverfolgung in den USA: Der Verdächtige wird mit anderen Personen in einer Reihe auf-

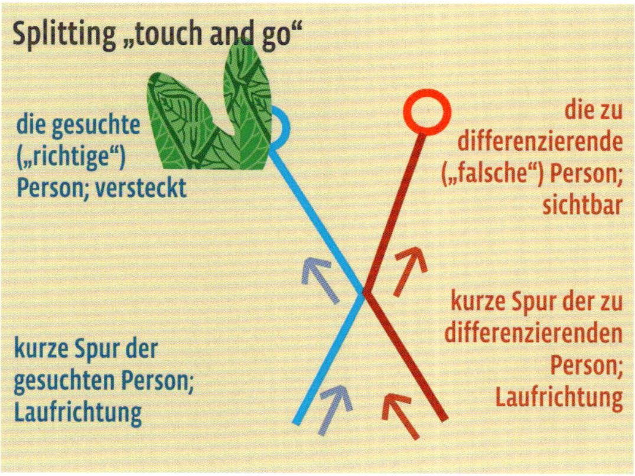

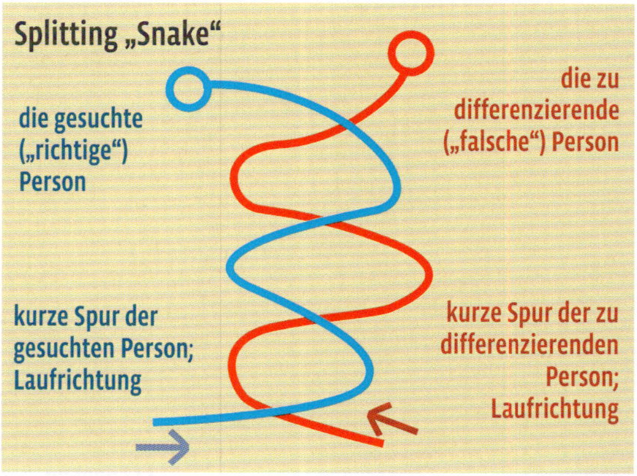

gestellt. So können beispielsweise Indizien zugeordnet werden. Der Personenspürhund checkt alle Personen ab, zeigt den Verdächtigen an, wenn dieser der Täter war und beispielsweise eine am Tatort gefundene Gesichtsmaske seinen Geruch trägt. Das „Line up" sollte erst trainiert werden, wenn der Hund alle anderen Differenzierungen sicher beherrscht. Eine weitere Differenzierung stellt der Zirkel oder Stern dar.

Abriechen eines Geruchsartikels

Beispiel 1: Am Geruchsartikel befindet sich Geruch von zwei Personen (z.B. eines Ehepaars, das in einem Haushalt lebt).
Fall A: Es befindet sich nur die VP vor Ort, die zweite Person war nie dort, oder wenn doch, dann mit einem deutlichem Zeitabstand (z.B. ein paar Tage zuvor). Der Hund wird somit automatisch die einzige frisch wegführende Spur der VP verfolgen.
Fall B: Die VP wird ausgelegt, die zweite Person (Ehepartner) befindet sich am Start. Der Hund kann somit abchecken, dass die zweite Person da ist. Somit wird er wieder die einzige wegführende Spur suchen.
Beispiel 2: Der Hund darf vom Fahrersitz im Auto oder am Autotürgriff der VP abriechen.
Beispiel 3: Die VP trinkt aus einer Getränkeflasche. Der Hund darf am Flaschenhals abriechen.
Beispiel 4: Die VP setzt sich kurz auf eine Parkbank o.Ä. Der Hund darf von dort abriechen.

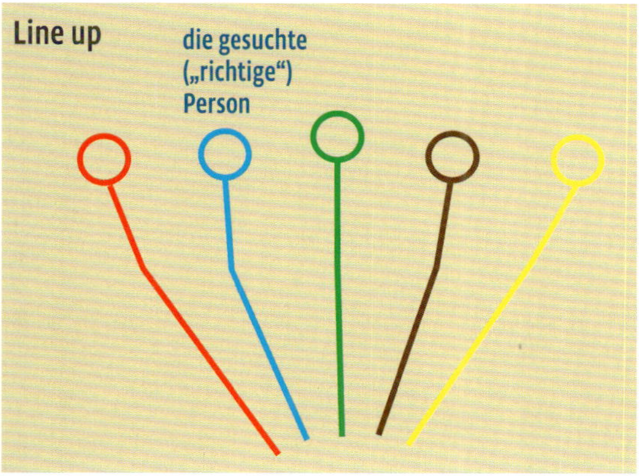

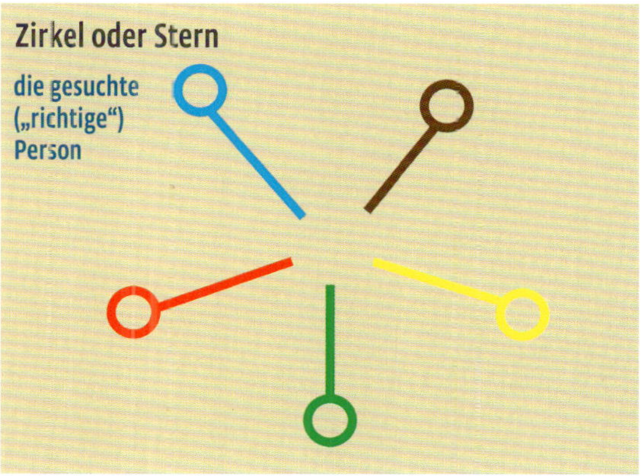

Die Profistufen (ManTrailing)

Eduard Bichler von den Eurinos e.V. aus Österreich mit seinem Hund Weli.

ManTrailing in der Rettungshundearbeit

Da es bei der Rettungshundearbeit darum geht, Menschenleben zu retten, kann ein ManTrailer-Team nur einsatzfähig sein, wenn es sich einer entsprechend anspruchsvollen und einsatzrelevanten Prüfung durch einen unabhängigen Prüfer unterzogen und diese bestanden hat. Selbst danach benötigt der Hund noch eine gewisse „Reifezeit“, bis er wirklich verlässlich gut im Einsatz arbeitet. Meist arbeitet ein, von Welpe an, gut ausgebildeter Hund am besten zwischen seinem 3. und 8. Lebensjahr, je nachdem, wie viele Einsätze er jährlich absolvieren muss. Unverständlicherweise ist es bislang so, dass in den meisten Bundesländern in Deutschland (Österreich ebenfalls) von den ManTrailern, die sich einsatzfähig melden, kein Nachweis einer Einsatzfähigkeit erbracht werden muss. Die Ausrichtung der Prüfung bedarf einer sehr guten Planung und Organisation, denn es müssen auch alte Trails geprüft werden, da dieser Einsatz relevant ist. Ein- und Ausbringen der Versteckpersonen, Einsammeln und Überwachen der Geruchsartikel, Einteilung der Gebiete, Koordination der Startzeiten etc. sind nur einige Punkte, die es zu bedenken gilt, wenn man eine faire Prüfung ausrichten möchte. Inhaltlich können die Ansprüche variieren, je nachdem, in welcher Region die Einsätze hauptsächlich stattfinden. Wir werden vorwiegend zu Vermisstensuchen im Stadtbereich gerufen, während viele Kollegen fast ausschließlich Überlandsuchen bestreiten. Ein Hund wird bei einem Einsatz in der Innenstadt nicht so weite Strecken zurücklegen können, wie bei einem Einsatz außerhalb der Stadt. In der Stadt spielt zudem das Negativ eine große Rolle, da dort vermisste Personen häufig öffentliche Verkehrsmittel nutzen. Dann ist es hilfreich, wenn der Hund beispielsweise das richtige S-Bahn-Gleis anzeigt und der Hundeführer bei der Überprüfung weiterer Haltestellen ein Negativ sicher erkennt, wenn die Person dort nicht ausgestiegen ist. In der Innenstadt sind die Fälle für einen einzelnen ManTrailer meist zu aufwendig, da es häufig Trails mit mehreren Unterbrechungen sind. Selten führt die Spur direkt von A nach B. Deshalb setzen wir meist zwei oder mehr Hunde ein, um nicht einen zu „verheizen“, und kombinieren deren Aussagen. Die Hunde leisten Erstaunliches und der Mensch neigt leider häufig dazu, sie in ihren Fähigkeiten zu unterschätzen. Dennoch muss man kritisch bleiben, wenn die Geschichten über von ManTrailern gelöste Fälle zu abstrus werden. Da werden jahrealte CarTrails über die Autobahn mehrere Hundert Kilometer verfolgt und sonderbare Dinge als Geruchsartikel verwendet. Vielleicht sind viele Berichte wahr (auch wenn wir es uns nicht vorstellen können), aber man sollte nicht alle Trail-Geschichten glauben …

Bergrettung in Österreich.

Das „weiche“ Negativ

Dieses ist das Schwerste der drei Negativs. Unter der frischesten Spur, die an einem Punkt endet, an dem die vermisste Person in ein Transportmittel eingestiegen ist, führt eine ältere Spur der vermissten Person weiter. Je geringer der Zeitunterschied zwischen der frischesten und der älteren Spur ist, desto eher verleitet dies den Hund, auf die ältere Spur auszuweichen, anstatt ein eindeutiges Negativ anzuzeigen (Bsp. alte Spur ist 48 Std. alt, das frische Negativ ist 46 Std. alt). Auch wenn dies passieren sollte, fangen die meisten Hunde dennoch nach ein paar Metern an, unsicher/schwammig zu laufen, zu pendeln o.Ä.

Geruchsartikel im Einsatz

Kopierte Geruchsartikel

Zuweilen ist (vor allem im Einsatz) kein eintütbarer Geruchsartikel vorhanden, beispielsweise wenn das Auto einer vermissten Person aufgefunden wird. Es kommt vor, dass die Person nach einem Autounfall unter Schock weggelaufen ist, oder es muss mit einem Suizid gerechnet werden. Ist also kein brauchbarer Geruchsartikel auffindbar, besteht die Möglichkeit, mit steriler Gaze Geruchskopien, z. B. durch die Abnahme des Geruches vom Lenkrad oder Autositz anzufertigen. (Am besten gelingt dies, wenn die Gaze in die Ritze hinten an der Lehne gesteckt wird.) Wichtig ist, dass bei der Anfertigung von kopierten Geruchsartikeln sterile Handschuhe verwendet werden und für jeden Hundeführer eine Gaze in eine separate Tüte verpackt wird. Ist nur ein ManTrailer-Team vor Ort, kann man den Hund natürlich direkt am Auto ansetzen (z. B. am Autositz abriechen lassen), sofern gesichert ist, dass nicht ein Polizist oder sonst jemand nach dem Verschwinden der Person im Auto gesessen hat (beispielsweise um das Handschuhfach zu durchsuchen). Ist dies nicht gesichert, sollte vorsichtshalber

Christine Schüler mit Bloodhound Max im Rettungseinsatz.

der Hundeführer die Kopien anfertigen. Sind mehrere einsatzfähige ManTrailer-Teams vor Ort, sollte eine Person, die sich die ganze Zeit am Start befindet, die Kopien anfertigen. Es ist sehr wahrscheinlich, dass sich von ihr selbst ebenfalls etwas Geruch an der Gaze befindet. Hat der Hund am Start die Möglichkeit, diese Person abzuchecken und auszuschließen, fällt es ihm leicht, die einzige wegführende Spur zu trailen. Auf diese Art können auch Geruchskopien angefertigt werden, wenn nur ein Geruchsartikel verfügbar ist (z.B. ein Pullover), aber mehrere ManTrailer vor Ort sind. In diesem Fall legt man Gaze in die Tüte zum Geruchsartikel, lässt sie rund 20 Minuten einwirken und packt dann für jeden Hundeführer eine Gaze in eine separate Tüte.

Kontaminierter Geruchsartikel

Ein wichtiger Punkt, den es in Bezug auf Geruchsartikel zu beachten gilt, ist die Geruchskontamination, also die Vermischung von mehreren Geruchsquellen am Geruchsartikel. Es ist vor allem in Einsätzen nicht immer möglich, einen „sauberen" Geruchsartikel zu bekommen. Häufig ist noch der Geruch von Familienangehörigen beigemischt, vor allem, wenn diese zusammen in einem Haus wohnen.

Beispiel aus dem Einsatz: „Das T-Shirt"

Die Vermisste Person leidet an Demenz und muss betreut werden. Die Ehefrau des Vermissten wäscht die Wäsche und legt ein T-Shirt zusammengefaltet in den Schrank (Geruchsquelle Nr.1). Am Vormittag kommt die Pflegerin und hilft beim Waschen und Anziehen der VP (die bis dahin natürlich noch nicht vermisst ist!), zieht ihr das T-Shirt an (Geruchsquelle Nr.2). Die vermisste Person trägt das T-Shirt tagsüber (Geruchsquelle Nr.3). Am Nachmittag kommt der Enkel zu Besuch und umarmt seinen Opa (Geruchsquelle Nr.4). Abends kommt wieder eine andere Pflegerin und hilft beim Ausziehen u.a. des T-Shirts und macht den Pflegebedürftigen „bettfertig" (Geruchsquelle Nr.5). Der Pflegebedürftige kommt unerwartet abhanden und wird als vermisst gemeldet, die Polizei rückt an. Zwei Polizisten sehen sich im Zimmer um, legen unter anderem das T-Shirt zur Seite (Geruchsquelle Nr. 6 und 7). Die ManTrailer werden angefordert. Der Erste vor Ort tütet die Geruchsartikel ein (zwar mit Handschuhen, dennoch bleibt etwas Geruch daran haften, Geruchsquelle Nr. 8).

Bevor ManTrailer im Realeinsatz eingesetzt werden können, müssen sie eine Prüfung ablegen.

Die Prüfungsordnung

Mittlerweile haben Hilfsorganisationen, die Rettungshunde führen, Prüfungsordnungen entwickelt, die sich nur in Länge, Liegezeit und den enthaltenen Schwierigkeiten unterscheiden. Entscheidend ist zunächst, dass sich die Teams, die in den Einsatz gehen wollen, überhaupt einer Prüfung stellen! Wir stellen hier einen Auszug aus einer Prüfungsordnung vor. Diese Prüfung besteht aus drei Teilen, die innerhalb von zwei Tagen erfolgreich absolviert werden müssen. Die Reihenfolge der Trails ist beliebig, somit weiß der Prüfling nicht, was ihn erwartet.

Trail Stadt/Ort

- Alter der Spur: mind. 12, max. 48 Stunden
- Umgebung: Stadt, Ort
- Länge: 500 Meter
- Wohngebiet mit gemäßigtem Verkehrsaufkommen (max. 10 % der Gesamtlänge entlang einer stärker befahrenen Straße), mind. zwei Straßenkreuzungen
- Mögliche Schwierigkeiten: alt/jung; Pool; - P -; Verleitungen (max. zwei Elemente müssen enthalten sein)
- Ende der Spur: frei wählbar, jedoch nicht an einer für den Hund unzugänglichen Stelle, sodass er nicht aus eigener Kraft die VP erreichen kann. (Gartentüren sind gegebenenfalls unversperrt zu halten!) Die VP darf abgedeckt sein, wobei das Gesicht freizuhalten ist.

Trail Wald (überschaubares Waldgebiet)/Wiese

- Alter der Spur: mind. 4, max. 24 Stunden
- Umgebung: Wald, nicht zu dicht, dem Hundeführer muss es möglich sein, seinen Hund auch abseits der Wege zu führen. Wiesen ohne Viehbestand. Spuren dürfen nicht von Zäunen gekreuzt werden.
- Länge: ca. 800 Meter (für Hunde mit Stockmaß < 30 cm Länge ca. 500 Meter)
- Mögliche Schwierigkeiten: atypische Abgänge, Pool, Verleitungen (max. zwei Elemente sollen enthalten sein)
- Untergrund: beliebig

- Ende der Spur: frei wählbar, jedoch nicht an einer für den Hund unzugänglichen Stelle, sodass er nicht aus eigener Kraft die VP erreichen kann. Die VP darf abgedeckt sein, wobei das Gesicht freizuhalten ist. Eine Decke sowie das Einbringen in einem Zelt ist erlaubt.

Es werden sowohl Trails in der Natur als auch in der Stadt geprüft.

Trail Negativ

- Alter der Spur: mind. 4, max. 24 Stunden
- Umgebung: Stadt/Ort
- Länge: mind. 150 Meter bis max. 200 Meter
- Ende der Spur: negativ. Die VP wird mit einem PKW vom Endpunkt abgeholt und darf sich diesem und dem Startpunkt bis nach Ablauf der Prüfung nicht mehr nähern. Der Hundeführer muss das Negativ-Ende mit einer max. Abweichung von 50 Metern erkennen und dem Prüfer gegenüber eine eindeutige Aussage treffen.

Realeinsatz und Einsatztaktik

ManTrailing in der Rettungshundearbeit

Flächensuche und ManTrailing können taktisch sinnvoll in einem Ernstfall eingesetzt werden. Beispiele von Einsätzen zeigen, wie Flächensuche und ManTrailing optimal kombiniert werden können. Die Hunde sind als ein weiteres Hilfsmittel in der Suchkette zu sehen und nicht als alleiniges Wundermittel. Eine Garantie auf 100% Erfolg kann kein seriöser ManTrailer geben. Wir geben hier auf Grund unserer Einsatzerfahrung (seit 2004 über 80 Alarmierungen pro Jahr) in Kombination Mantrailfläche nur einen kurzen Auszug mit besonderen Hinweisen aus der Praxis. Einfache Start-Ziel-Erfolge zu beschreiben, würde dem Leser nicht viel helfen. Daher gehen wir nur auf Besonderheiten ein. In schwierigen Fällen entscheidet die Kombinationsgabe der ManTrailer-Flächenteams und die Einsatztaktik.

Unsere Teams nehmen bei der Suche einen „Tracker" mit, der genau aufzeichnet, wie jeder Hund läuft. Dies dient zum einen der Dokumentation, zum anderen kann es hilfreich sein, bei einem komplexen Einsatz, der manchmal auch über mehrere Tage gehen kann, die Trails der einzelnen Hunde auf einer Karte „übereinander" zu legen. So können Deckungsgleichheiten oder auffällige Stellen noch einmal besser visualisiert und ein weiteres Vorgehen besprochen werden. Bei jedem Einsatz wird vom Zugführer ein Einsatzbericht an die zuständige Polizei übergeben.

Professionalität

Die Integrität eines jeden Hundeführers ist wichtig. Er muss einschätzen können, was sein Hund zu leisten vermag und was nicht. Er muss bei einem (komplexen) Einsatz beurteilen können, was sein Hund gezeigt hat, und auch klar die Grenzen des Machbaren erkennen. Manche Fälle sind für die Teams an diesem Tag oder generell einfach nicht lösbar. Dann ist es wichtig, professionell genug zu sein und weitere Hilfe anzufordern. „Diese Arbeit ist eine Berufung, bei der dein Ego ein Menschenleben kosten kann." (aus: Common Scents; aus dem Englischen von Christine Schüler).

Geruchsgewinnung

Wir legen Wert darauf, dass der Zugführer die Geruchsartikel aus dem Zimmer des Vermissten holt, da dieser immer am Einsatzort bzw. am Startpunkt bleibt und diesen nicht verlässt. Dies ist uns wichtig, um vor allem in Negativfällen auszuschließen, dass Hunde der Spur desjenigen, der die GA geholt hat, zumindest eine kleine Strecke verfolgen. Vielfach haben wir kontaminierte Geruchsartikel, daher wollen wir zumindest eine weitere Kontaminierung durch unsere eigenen Kräfte ausschließen, indem wir das Zimmer nicht betreten. Wir nehmen als Geruchsartikel auch sterile Kompressen, die wir in Pantoffeln oder Schuhe schieben. Oftmals sind dies die einzigen Flächen, die das Pflegepersonal nicht berührt hat.

Tanja Weidler mit Albert von der BRH Rettungshundestaffel Osterode am Harz e.V.

Organisation der Kräfte

Wir sammeln unsere Einsatzkräfte an einem zentralen Ort wie Schul-, Kirchen- oder Supermarktparkplatz. Dieser sollte räumlich von dem Punkt entfernt sein, an dem sich die vermisste Person zuletzt aufgehalten hat. Damit stören wir nicht den Startpunkt der ManTrailer und können die Flächenhunde aller Organisationen, zusammen mit der Polizei, durch den „Leiter Rettungshunde“ koordinieren. Es werden keine Straßen zugeparkt und nur das jeweilige ManTrailer-Team mit seinen Suchgruppenhelfern und die Einsatzkräfte der Polizei sind am Einsatzort. Die anderen ManTrailer-Teams warten abseits und bekommen nicht mit, was der vorherige Trailer gemacht hat. Damit ist der Hundeführer unvoreingenommen.

ManTrailer bei der Vermisstensuche.

Einsatztaktik

Einen Kreis um den Vermisstenpunkt ziehen

Vermisst wurde eine demente, ältere Dame aus ihrem privaten Zuhause. Der Pflegedienst bemerkte am Morgen ihr Verschwinden und konnte anhand der Tablettenschachtel rekonstruieren, dass sie bereits am Vortag mittags keine Medikamente mehr eingenommen hatte. Da die Temperaturen bei minus 10 Grad lagen, waren die Prognosen denkbar schlecht. Fußspuren im frischen Schnee führten von ihrem Haus, das inmitten eines kleinen Wäldchens lag, in Richtung Osten und endeten an einem geräumten Gehweg. Wir setzten einen unserer ManTrailer im Eingangsflur des Hauses an. Der Hund nahm die Spur an und verfolgte sie zu dem Waldweg. Nachdem sich der Trailer eingearbeitet und rund zwei Kilometer die Spur verfolgt hatte, organisierten wir die Flächentrupps, die parallel zum ManTrailer die nähere Umgebung des Hauses kreisförmig absuchen sollten. Rund 600 Meter in nordwestlicher Richtung entfernt vom Haus, konnte die ältere Dame leider nur noch tot aufgefunden werden. Aufgrund der Spuren im frischen Schnee, die abseits des geräumten Weges wieder sichtbar wurden, konnte ihr Weg nachvollzogen werden. Sie war in einem Kreis nach Osten aufgebrochen, dann hinter dem Haus nach rund drei Kilometern nach Norden abgebogen, war dann querfeldein gelaufen, hatte einen Höhenweg an der Isar genommen und war nach rund 6 km wieder nach Süden abgebogen in Richtung ihres Hauses. Kurz vor Ende war sie zusammengebrochen. Hier führte nicht der Trail zum Erfolg, denn dieser verfolgte weiter die Spur und befand sich mittlerweile auf dem Höhenweg, sondern der Flächenhund war in diesem Fall effektiver. Der Trailer hätte noch mehrere Kilometer zurücklegen müssen und wäre erst Stunden später bei der verunglückten Person angekommen.

Hinweis: Zu unserer Regel gehört es, immer zuerst den Nahbereich (ca. 800 Meter Umkreis) um das Wohnhaus, Altenheim, Krankenhaus oder z. B. Auto mit Flächenhunden abzusuchen, nachdem der ManTrailer gestartet und unterwegs ist. Schnelle Erfolge, gerade bei Suizidversuchen, sind wichtig. Auch sollten Grünflächen und Parks im Umkreis von 800 Metern rund um den Vermisstenpunkt systematisch und unabhängig von der Arbeit der ManTrailer abgesucht werden.

Indoor

Vermisst wurde ein dementer älterer Mann seit 22 Uhr aus einem Altenheim. Der Gesuchte trug nur einen Pyjama und Pantoffeln, es regnete und hatte um die 10 Grad Außentemperatur. Wir setzten den ManTrailer im Zimmer des Vermissten mit seinem Kopfkissenbezug an. Der Hund führte aus dem Raum, den Gang entlang ins Treppenhaus und lief bis in den Keller hinunter. Seine Spur endete in einem Eck, in dem sich auch die Türen zum Lastenaufzug, aber auch eine Tür in den Keller selbst und zum Außenbereich befanden. Alle Türen waren verschlossen. In der Nacht war der Schlüssel von diesem Bereich so schnell nicht zu bekommen. Die Polizei hatte das Haus bereits dreimal abgesucht. Auf unsere Bitte hin wurde der Keller dann noch einmal überprüft. Die Suche blieb aber ohne Erfolg. Ein Hund wurde erneut am Ausgang des Kellers angesetzt, doch er verließ das Gebäude nicht. Wir brachen hierauf mit dem Hinweis ab, dass sich die Vermisste Person noch im Haus aufhalten müsse. In den Morgenstunden kam das Personal und zwei Stunden später wurde der Vermisste im Lastenaufzug gefunden.

Die Indoor-Suche ist für den Hund extrem schwer, da häufig (vorallem nachts) Türen verschlossen sind und die Raumtemperaturen (Zimmer, Keller, ...) ständig wechseln..

Hinweis: Hin und wieder konnte trotz Absuchen des Hauses durch Einsatzkräfte und das Pflegepersonal die gesuchte Person später im Bett eines anderen Mitbewohners entdeckt werden, da die Hunde nicht vom Haus weggingen und somit ein erneutes Absuchen des Hauses sinnvoll wurde. Auch saß ein Vermisster im – natürlich stets verschlossenen! – Archiv im Schaukelstuhl oder ein anderer im Heizungskeller, verborgen hinter Rohren. Für Hunde ist die Indoor-Suche extrem schwer, denn nicht immer sind nachts alle Türen zu öffnen, auch ist das Klima durch Zugluft in Räumen und Gängen sowie der mögliche Temperaturunterschied zwischen Innen und Außen ein wichtiges Thema. Für Indooraufgaben in der Nacht haben wir speziell ausgebildete Hunde, die ruhig und systematisch vorgehen und mit geschlossenen Türen keinen Stress haben. Dennoch tauschen wir die Hunde, nachdem sie den Ausgang aus dem Gebäude beispielsweise gefunden haben, aus. D enn die Indoorsuche ist durch den Einsatz von Reinigungsmitteln, Klimaanlagen und Vielem mehr sehr anstrengend und schwer.

Endpool

Vermisst wurde ein junger Mann, der Krebs im Endstadium und schwere Epilepsie hatte. Nach 22 Stunden konnte das Auto des Vermissten auf einem Parkplatz an einem See gefunden werden. Ein Abschiedsbrief lag der Familie vor. Ein Absuchen durch einen Hubschrauber mit Wärmebildkamera, Hundertschaft der Polizei, Feuerwehr, THW und Flächenhunde hatte bislang nicht zum Erfolg geführt. Wir setzten einen unserer ManTrailer am stoffüberzogenen Lenkrad an. Der Hund startete nicht wie erwartet sofort zielstrebig, sondern zeigte sich eher verhalten und bewegte sich wie in Zeitlupe auf den Wald zu, der knapp 20 Meter hinter dem Auto begann. Der bewaldete Streifen war rund 50 Meter breit, dahinter verlief ein Weg zum 100 Meter entfernten See. Hund und Hundeführer versuchten sich mit der Leine im Dunkeln durch das Gestrüpp zu arbeiten. Wir brachen hier die Suche mit dem ManTrailer ab und setzten an seinem Endpunkt den Flächenhund ein. Dieser fand den jungen Mann, rund 30 Meter weiter. Er hatte sich an einem Baum erhängt.

Hinweis: Vor allem bei Toten entsteht ein für manche Hunde schwieriger Endpool, der vor allem in Hanglagen oder am Wasser zu Problemen führen kann. Durch das veränderte Verhalten des Hundes muss dem Hundeführer aber klar sein, dass er sich in diesem Pool befindet und sollte Flächenhunde oder Leichensuchhunde hinzuziehen. Nicht selten haben wir diesen Fall rund 100 Meter im Umkreis des Toten erlebt. Von der Liegezeit und auch von der Höhe eines hängenden Körpers hängt der Pool ab. Wir haben in der Staffel Hunde, die unterschiedlich auf tote Körper reagieren. Verhält sich ein Hund auffällig, wird er durch einen zweiten ersetzt, der sich unbeeindruckt an die Quelle des Geruchs arbeitet.

Endstation

ManTrailing-Einsätze enden oft an Bushaltestellen oder Bahnhöfen – je nach Einsatzgebiet. Die Hunde müssen lernen, Gleisrichtungen oder Bushaltestellen auf der richtigen Straßenseite deutlich anzuzeigen. Hin und wieder kann die Kontrolle der Endstation oder einer Station, mit der der Vermisste etwas assoziiert, zum Erfolg führen. Schon häufig haben wir durch diese Kombination die gesuchte Person finden kön-

Der Endpunkt – hier an einem See – muss deutlich vom Man-Trailer angezeigt werden.

nen. In diesem Fall war es eine ältere Dame, die aus ihrem Wohnstift vermisst gemeldet wurde, da sie nicht zum Abendessen erschienen war. Der Hund wurde im Zimmer an einem Pantoffel der Dame angesetzt und führte uns aus dem Haus zur U-Bahn. Hier endete die Spur. An der Bahnlinie lag eine Trambahn-Haltestelle, die die Dame kannte. Von hier fuhr sie regelmäßig entweder zu ihrer Tochter oder zum Grab ihres Mannes auf dem Friedhof. Wir starteten den nächsten Hund unten in der unterirdischen U-Bahn-Station. Der Hund führte hinauf bis zur Trambahn-Haltestelle und bestätigte, dass die Person hier gewesen sein musste – es konnte aber auch eine ältere Spur sein. Es war aber unser einziger Anhaltspunkt. Da der Hund zu der Haltestelle führte, die zum Friedhof ging, setzten wir den Hund an der Endstation „Friedhof" an. Hier startete der dritte Hund zielstrebig, führte aber nicht in den Friedhof hinein, sondern bog in das angrenzende Wohngebiet ab. Nach rund eineinhalb Kilometern quer durch die Straßen wurde der Hund immer schneller. Um eine Häuserecke herum, auf der anderen Straßenseite stand die vermisste Frau und sah sich verwundert nach uns um. Sie war stundenlang durch das Wohngebiet geirrt, da der Friedhof schon geschlossen war. Den Rückweg konnte sie alleine nicht finden.

Hinweis: Wichtig ist in diesem Fall, Hunde einzusetzen, die trotz großer Menschenansammlungen gewissenhaft arbeiten und deutlich das richtige Gleis anzeigen. Auch müssen diese Hunde mehrere Negative hintereinander anzeigen und dürfen darüber nicht in Frust geraten. Schnelle, ehrgeizige Hunde haben hier schneller Probleme.

Unerwarteter Verdächtiger

Eine schwangere junge Frau wurde von ihrem Ehemann als vermisst gemeldet. Sie war an ihrem Arbeitsplatz nicht erschienen und die Arbeitskollegen hatten den Mann darüber informiert. Eine groß angelegte Suchaktion führte zumindest zum Auto der Vermissten, das abgeschlossen auf einem großen Supermarktparkplatz in der Nähe des S-Bahnhofes stand. Die Tasche der Frau lag im Innenraum, ebenso all ihre persönlichen Schlüssel. Unser Zugführer holte wie immer zusammen mit der Polizei Geruchsartikel aus der Wohnung der Vermissten:

Im Einsatz!

Schuhe der Frau aus ihrem Zimmer, getragene Unterwäsche aus der gemeinsamen Wäschetruhe und ein Kopfkissenbezug vom Doppelbett der Eheleute. Der erste Hund wurde mit dem Kopfkissenbezug am Auto angesetzt. Er verfolgte nach zögerlichem Verhalten eine Spur weg von der S-Bahn-Station in Richtung Ortsmitte. Der Hund war aber nicht so eindeutig in seinem Verhalten, was wir auf den Mischgeruch des GA mit dem Ehemann, der leider nicht am Startpunkt sein konnte, zurückführten. Den nächsten Hund setzten wir aus diesem Grund mit dem Schuh der Vermissten an. Merkwürdigerweise ging dieser Hund nicht vom Start los, kreiselte um das Auto herum und roch nur an dem Wagen. Er zeigte in der Folge negativ an, was große Verwunderung bei uns auslöste. In der Zwischenzeit hatte die Polizei den Ehemann über die Tätigkeit der Hunde informiert. In einem unbeobachteten Augenblick nahm dieser Tabletten und versuchte, sich das Leben zu nehmen. Der Ehemann hatte sich durch sein auffälliges Verhalten verdächtig gemacht, wodurch die Taktik geändert wurde. Wir bekamen von der Polizei eine Kompresse, die sie auf die Stirn des Ehemannes gepresst hatten. Wieder starteten wir einen Hund am Auto der Vermissten und plötzlich lief dieser wie auf Schienen rund 2,5 Kilometer quer durch den Ort bis zu einem Mietshaus und dort in den ersten Stock, bis vor eine Wohnungstür. Hier roch er durch die Türritze und kratze an der Tür. Es war die gemeinsame Wohnung des Ehemannes und der vermissten Frau. Den Hundeführern war das nicht bekannt, da nur der Zugführer in der Wohnung gewesen war. Nun gestand der Ehemann, seine Frau in der Wohnung ermordet, im Kofferraum des Autos aus dem Haus geschafft und in einem Waldstück vergraben zu haben. Er selbst hatte dann das Auto auf den Parkplatz gefahren, abgeschlossen und war direkt nach Hause gelaufen.

Hinweis: In erster Linie glauben wir den Hunden und nicht den Menschen. In diesem Fall war es wichtig, zuerst einen Kombinierer einzusetzen, weil wir keinen sauberen, eindeutigen Geruchsartikel hatten. Der zweite Hund war ein starker Negativ-Anzeiger, der dritte Hund ein sehr gewissenhafter Arbeiter, der exakt den Weg verfolgt hatte, denn das war wichtig für die Polizei in Bezug auf das Verhör mit dem Verdächtigen. Auch hat dieser Hund eindeutig das Haus und die Wohnung der Vermissten angezeigt.

Trailen als Therapie (TheraTrailing)

Trailen hilft Probleme lösen

Nicht selten haben Hundehalter eines sogenannten Problemhundes eine ganze Odyssee hinter sich. Viele gute Ratschläge haben sie auf den Hundewiesen erhalten, die eine oder andere Hundeschule durchlaufen und doch sind die Probleme im Alltag nicht verschwunden. Der Frust wird größer, die Wege, den Problemen, wie z. B. andere Hunde, Jogger, Kinder, Autos, Radfahrer oder Skater zu entgehen, werden immer weiträumiger. Nicht selten graut es dem Menschen vor dem nächsten Spaziergang, den er, mit seinem Hund an einer langen Leine, isoliert machen muss. Spaß mit dem eigenen Hund sieht anders aus, sodass sich diese Unzufriedenheit wiederum negativ auf die Beziehung zum Hund auswirkt. Nicht selten reichen ein bis zwei Suchen aus, um Mensch wie Hund ein Lächeln ins Gesicht und ein Leuchten in die Augen zu zaubern. Zum ersten Mal sieht der Hundeführer, was sein Hund zu leisten vermag. Gerade diese Hunde, die im Alltag schwierig sind und irgendwie in ihrer eigenen (Geruchs-)Welt leben, sind häufig geniale Sucher. Zum ersten Mal geht es nicht um Dinge, die der Hund nicht darf oder kann, sondern um etwas, das seinem Naturell entspricht, für das er von Natur aus ein Talent besitzt. Es ist eine neue Erfahrung für den Besitzer, Lob über seinen Hund zu erhalten, und er beginnt zu verstehen, was er an der Leine hat und was dieses Lebewesen zum Glücklichsein benötigt. Die Sucharbeit gemeinsam mit dem Hund weckt eine Leidenschaft, die nicht Arbeit, sondern Spaß und ein neues Lebensgefühl für beide bedeuten kann. Das eigentliche „Problem" wird zunächst nicht thematisiert, aber schwierige Situationen später auch nicht weiter gemieden. Auch blenden Hunde die für sie belastenden Faktoren auf dem Trail durch die selektive Aufmerksamkeit anhand der Spur aus, wenn sie durch den richtigen Trainingsaufbau gelernt haben, sich bei der Suche zu entspannen und sich in die Spur hineinträumen können. Mit Hilfe dieses Mechanismus können Hunde relativ schnell an für sie früher problematische bzw. schwierige Situationen herangeführt und diese stressfrei bearbeitet werden. Diese Art der Sucharbeit kann auch optimal während der Erziehung oder zur Korrekturarbeit für den normalen Haushund eingesetzt werden. Um einen positiven Effekt beim TheraTrailen zu erlangen, darf nicht mit „Anreizen" oder sonstigen optischen Reizen gearbeitet werden.

Jagdverhalten

Jagen ist eigentlich ein normales Hundeverhalten. Ist der Hund nicht kontrollierbar und verfolgt beim Spazierengehen Wildspuren oder Jogger und Radfahrer, kann es für den Hund und andere Beteiligte (Mensch oder Tier) gefährlich werden. Spätestens dann wird es für den Hundehalter zu einem unerwünschten Verhalten. Hier kann Trailen Abhilfe schaffen.

Von Hyperaktivität bis Angst und Unsicherheit

TheraTrailing hat schon vielen Hundebesitzern wieder Mut gemacht, doch es muss festgehalten werden, dass es eine Verhaltenstherapie nicht ersetzen kann, sich aber als äußerst wirkungsvolle, Therapie unterstützende Maßnahme anbietet.

Jeder Hund ist, wie auch wir Menschen, ein eigenständiges Individuum und besitzt seine eigene Persönlichkeit. Je nach seinem genetisch fixierten Wesen, seiner rassebedingten Veranlagung, den prägenden Einflüssen seiner Umgebung, angefangen bei der Aufzucht bis hin zur Ausbildung, zeigt er ein bestimmtes, für ihn typisches Verhalten. Unser Hund soll sich in der zivilisierten Welt zurechtfinden, sich an unseren zuweilen hektischen Lebensstil anpassen und gut in den Alltag integrierbar sein. Trotz seiner hohen Anpassungsfähigkeit und sozialen Kompetenz kann es zu Missverständnissen zwischen Hund und Mensch kommen, wenn der Mensch zu hohe Anforderungen an ihn stellt. Um einen Hund artgerecht auszulasten, fehlt vielen Hundehaltern die Zeit und die nötige Sachkunde. Einige Hunde tolerieren dies ohne Probleme – sie passen sich dank ihrer Flexibilität an, vor allem, wenn sie von Welpe an bei uns sind. Trotzdem haben viele Hunde bestimmte Eigenheiten. Das müssen nicht immer Verhaltensauffälligkeiten sein, sondern können „normale" hunde- bzw. rassetypische Verhaltensweisen sein, die allerdings im Alltag ein harmonisches Zusammenleben erschweren.

Hyperaktive Hunde finden über das Trailen wieder zu sich selbst. Wird das Trailen von Anfang an richtig aufgebaut, lernt der Hund in reizarmer Umgebung sich in die Spur hineinzuträumen und gerät bei der Suche in eine Art Entspannungszustand.

Durch das Trailen wird die Beziehung zwischen Hund und Mensch gefestigt. Beide lernen, sich aufeinander zu verlassen.

Bindungsproblematik an den Menschen

Das Trailen an sich fördert die Beziehung zwischen Hundeführer und Hund. Das Lösen der Suchaufgabe als Team, das gemeinsame Bestehen von neuen, unbekannten Situationen (manchmal auch für den Hundebesitzer, Gondel fahren etc.) erzeugt ein Gefühl der Zusammengehörigkeit. Dafür mitverantwortlich zeichnet sich u.a. das Hormon Oxytocin. Der Hund merkt, dass er sich in Situationen, die ihm nicht geheuer sind, auf seinen Menschen verlassen kann und umgekehrt. Die Beziehung von Hund und Halter wird intensiver. Dieses Vertrauen gilt es insbesondere bei Hunden, die von Tierschutzorganisationen kommen, aufzubauen und zu verstärken. Allein die Anwesenheit seines Menschen kann durch die stabile Beziehung später Stress reduzieren, und anstatt Gefahren zu fürchten, freut sich der Hund auf spannendes Neues, seine Neugierde ist geweckt und er ist bereit zum Lernen. Der Anfang mit diesen Hunden beim TheraTrailen ist oft mühsam, da sie es nicht kennen oder es nicht wollen, für „ihren“ Menschen zu arbeiten, eine stabile Beziehung muss sich erst noch entwickeln. Hier muss langsamer und behutsam vorgegangen werden, die Grundlagen des EntdeckerTrails (siehe S. 31) sollten genauestens beachtet und beim Erstellen des Ausbildungsplans berücksichtigt werden. Auch der Tierbesitzer braucht viel Geduld und eine nötige Portion Gelassenheit und Ruhe, um solch einen Hund für sich zu gewinnen. Stress und Überforderung sind anfänglich in jedem Maß kontraproduktiv. Die Suche mit dem Hund soll Leidenschaft wecken, die nicht Arbeit, sondern Freude für beide bedeutet.

Hunde mit Handicap

Einige Hunde haben entweder von Geburt an, oder durch Krankheit oder Unfall (mindestens) ein Handicap und können viele Dinge, die gesunde Hunde tun, gar nicht ausführen. Beispielsweise ist der Freilauf gefährlich oder unmöglich bei blinden oder tauben Hunden. Manche Hunde haben nur drei Beine oder sind sonst irgendwie in ihrer Bewegung eingeschränkt. Hier kommt ihnen das TheraTrailing zu Hilfe. Denn bei der Suche befinden sich die Hunde an der Leine und können sicher zusammen mit ihrem Hundeführer arbeiten – was sie nur geistig anstrengen wird – ohne Hör- oder Sichtzeichen wahrnehmen zu müssen.

Übermäßige Aggression

Aggression gehört zum normalen Verhalten eines gesunden Hundes, ohne diese wäre er nur bedingt überlebensfähig. Um mit uns Menschen im Alltag leben zu können, muss bereits der Welpe lernen, wie für die Umwelt erträglich mit Aggression umgegangen werden soll. Die Beißhemmung ist ein erlerntes Verhalten, dessen Lernfenster sich ca. bis zur 18. Lebenswoche erstreckt. In dieser Entwicklungsphase durchläuft der Welpe eine schnelle Entwicklung sozialer Verhaltensmuster und lernt, diese richtig zu kombinieren. Hier kommt es zu „Sozialisation" (Umgang mit Artgenossen, anderen Tieren und Menschen) und „Habituation" (Gewöhnung an Reize wie Geräusche, fremde Dinge wie z.B. Autos). Oft entwickelt sich eineAngstaggression als Folge eines Deprivationsschadens (hervorgerufen durch eine isolierte oder extrem reizarme Aufzucht), da der Hund nicht gelernt hat, angemessen auf eine bedrohliche Situation zu reagieren. Grundsätzlich ist es individuell verschieden, wie ein Hund auf eine vermeintliche Bedrohung reagiert, und neben Erfahrung (z. B. Briefträger vertreiben), Erziehung, Situation (z. B. an der Leine, Dämmerung), Gesundheitszustand (Schmerzen), Hormonzustand (pubertierender Schnösel, läufige Hündin) auch veranlagungsbedingt (z. B. Rasse, Abstammung).

In unserem Alltag ist für unangemessenes Aggressionsverhalten kein Platz. TheraTrailen bewirkt im Zusammenhang mit der Aggressionsproblematik, dass Stress bei Hundeführer und Hund reduziert wird (durch die hundegerechte/individuell angepasste Auslastung), die Bindung gefördert und Angst (bei beiden) abgebaut wird. Die üblichen Maßnahmen einer Verhaltenskorrektur wie Statusreduktion, Gehorsamstraining und Managementmaßnahmen (Maulkorb, Zimmerkennel usw.) und ggf. Medikation sind mit einem darauf spezialisierten Hundetrainer oder Tierarzt (mit der Zusatzqualifikation Verhaltenstherapie) zu besprechen und zu berücksichtigen. Gerade beim TheraTrailen blenden Hunde für sie aggressionsauslösende Faktoren während des Trailens fast aus, da ihre selektive Aufmerksamkeit nur der zu verfolgenden Spur gilt. Beim Aufstellen des entsprechenden Trainingsplans für solch einen Hund wird diese Tatsache ausgenutzt und der Hund, anfänglich mit Maulkorb, schrittweise an diese Auslöser herangeführt.

Körperliche und geistige Beschäftigung

Manche Hundetypen fordern einiges von ihren Besitzern. Häufig versuchen diese alles zu tun, um ihren Hund auszulasten. Aber nicht alle Hunde, die in hohem Maße Beschäftigung einfordern, sind automatisch hyperaktiv. Gerne wird der Begriff verwendet, doch meist liegt ein anderes Problem vor: Durch nicht sachgemäße Ausführung der Beschäftigung fährt der Hund zusätzlich hoch. Kurzes, konzentriertes Arbeiten ist effektiver als stundenlanges Ballwerfen (fördert Stereotypien) oder Hetzen über Hürden mit lautem Gebell. Wenn ein Hund nach einem mehrstündigen Spaziergang immer noch nicht müde ist, liegt es nicht an der Dauer der Beschäftigung mit dem Hund, sondern an der Art. Hunde müssen auch geistig ausgelastet werden und dabei ist die Nasenarbeit eine gute Möglichkeit. Das Trailen erfordert neben körperlicher Ausdauer ein hohes Maß an Konzentration und Denkleistung – Trailen ist Gehirnjogging für Hund und Hundeführer. Für den Besitzer bringen die Trainingsfortschritte eine Erleichterung, wenn der Hund nach dem Trail zufrieden und entspannt schläft. In diesem Zusammenhang sind auch die „pubertierenden Schnösel“ zu nennen, die so ausgelastet für ihre Besitzer besser zu handhaben sind und für die normale Erziehungsarbeit wieder zugänglich werden.

Hyperaktivität

Bei Hunden mit Neigung zu Hyperaktivität sollte der Ausbildungsplan beim TheraTrailen die besondere Problematik dieser Hunde beachten (häufig betroffen: Australian Shepherd, Labrador, Border Collie). Es sind kleine Lernschritte notwendig, da sich diese Hunde anfänglich nur kurz konzentrieren können. Zudem sollte ein reizarmes Trail-Gebiet ausgewählt werden, damit die Ablenkung von außen (vor allem Sicht- und Bewegungsreize) nicht zu groß ist.

Steht der Hund permanent unter Stress, ist ein Lernen fast unmöglich. Durch das Trailen können Unsicherheiten nachhaltig abgebaut werden.

Unsicherheit und Angst

Unsicherheiten bis hin zu Panikattacken, meist gekoppelt mit unkontrollierbarem Jagdverhalten, kommen sehr häufig bei Hunden aus dem Süden vor, die über den Tierschutz nach Deutschland gebracht wurden, da dies häufig Jagdhundmixe sind (Pointer, Bracke, Setter...), die zudem meist eine Zeit lang isoliert gehalten wurden. Unsicherheiten können bei Hunden mit einem genau auf sie abgestimmten Such-Trainingsplan nachhaltig abgebaut werden, während massive Deprivationsschäden (z.B. Tötungsstation) irreparabel bleiben und nur eine Stabilisierung stattfinden kann. Hunde mit einer generalisierten Angststörung können zunächst nicht von der Leine gelassen werden, da sie evtl. in Panik davonlaufen würden. Zu diesen Hunden ist es anfangs sehr schwer, überhaupt einen Zugang zu bekommen. Mit „Sitz-Platz-Fuß“-Übungen kommt man vor allem in den ersten Wochen (nach Übergabe) nicht weit. Mit Trailen erreicht man diese Hunde meist sehr schnell auf einer anderen Ebene, die dem Hundeführer sonst vielleicht für immer verschlossen bliebe. Der Hund lernt bei der Suche eigenständig Problemstellungen zu lösen, ist nicht nur Befehlsempfänger, und kann dadurch auch im Alltag entspannter mit für ihn unklaren Situationen umgehen. „Mir droht Gefahr“ wird in den Augen des Hundes abgeschwächt zu „Wir erleben Abenteuer“, die es gemeinsam zu bestehen gilt. Die Leine vermittelt in diesem Fall Sicherheit, die Kommunikation zum HF bleibt konstant bestehen. Ist die Beziehung später gefestigt, wirkt allein die Anwesenheit seines Menschen im Alltag Stress reduzierend.

Stress bei Hunden

Eigentlich sind Angst und Furcht eine angeborene Emotion, die für das Überleben des Hundes notwendig ist. Da übersteigerte Angst und Furcht den Hund permanent unter Stress stellt, wird durch die Aktivierung des aktiven bzw. passiven Stresssystems ein Lernen unmöglich gemacht. Dauerstress führt auch bei Tieren zu gesundheitlichen Problemen und ist damit tierschutzrelevant.

Fallbeispiel „Romeo“

Natürlich können die erzielten Erfolge nicht als allgemeingültig betrachtet werden, aber sie zeigen deutlich die positive Wirkung des Trailens, wenn es unterstützend zu einer begleitenden Verhaltenstherapie angewandt wird. Der individuelle Weg ist hierbei entscheidend und die Ausarbeitung desselben erfordert ein hohes Maß an Erfahrungswerten. Daher sind die Beispiele nicht als Anleitung zu verstehen. Eine entscheidende Frage stellt sich in der Arbeit mit verhaltensauffälligen Hunden. Wie kann man nicht nur Symptome von z. B. unsicheren, ängstlichen, aggressiven oder hyperaktiven Hunden behandeln und kurzzeitig Erfolg haben, sondern sie im Innersten erreichen und nachhaltig verändern? In erster Linie hat Unsicherheit etwas mit mangelndem Vertrauen und Selbstbewusstsein zu tun. Ein Hund, der nicht in sich ruht, keine Selbstsicherheit hat und keine Bindung aufbauen kann, kann seine Ängste auch nicht ablegen und damit keine Lebensqualität gewinnen. Der erste Weg, diese Barriere zu durchbrechen, ist, ihm eine individuell angepasste Auslastung zu geben. Mit einem durch die Sucharbeit zum Positiven veränderten Hormonhaushalt kann eine gesunde individuelle Beziehung zum

Jagdhund-Mix Romeo kroch zu Beginn der Therapie nur am Boden und erschreckte vor allem und jedem.

Menschen auf- und somit übersteigerte Ängste und Aggressionen teilweise abgebaut werden. Die positive Wirkung des TheraTrailings wird häufig unterschätzt. Wir haben in den letzten Jahren bereits vereinzelt verhaltensauffällige Hunde aus dem Tierschutz für ein paar Monate bei uns aufgenommen und wieder vermittelbar gemacht. Im Dezember kam über Umwege der junge (damals 9 Monate alte) Jagdhund-Mischling „Romeo" zu uns, nachdem er bereits vier Besitzerwechsel hinter sich hatte. Über seine Mutter wissen wir leider nichts. Auf seiner Pflegestelle hatte er Kontakt zu Hunden und anderen Tieren, konnte aber keine Erfahrung mit der Außenwelt machen. Fremde Menschen und Umweltreize wie Autogeräusche etc. waren ihm nicht bekannt. Von seinen Vermittlungsstellen wurde er an die Pflegestelle zurückgegeben, weil er zu unsicher und für die Menschen, die ihn bei sich aufnehmen wollten, in den Alltag nicht integrierbar war. An ein normales Spazierengehen war anfangs nicht zu denken. Romeo kroch nur auf dem Boden und erschreckte sich vor allem und jedem, sodass er nur doppelt abgesichert an Halsband und (ausbruchsicherem) Geschirr mit zwei Leinen ein paar Meter weit „geführt" werden konnte. Wir begannen mit ihm zu „trailen", was folgendermaßen aussah:

Teil 1: Kriechen vom Auto zum Start (Romeo), Riechen am Geruchsartikel, erschreckt zurückspringen.

Teil 2: Stehenbleiben (natürlich „tiefer gelegt") und hektisch Umherschauen, in alle Richtungen absichern. Wieder hin zur Spur, Kriechen zum zweiten Geruchsartikel. Wiederholung von Teil 1 und 2. Dann Kriechen zur VP, im Abstand von 3 Metern stehen bleiben, dann 5 Meter zurückspringen. Ein Meter vor, zwei zurück usw. So haben wir für nicht einmal 10 Meter wahrscheinlich eine viertel Stunde benötigt. An das Futter bei der VP ist er auch nicht hingegangen, wir mussten es ihm aus der Hand geben.

Das ist nun zwei Monate her, Romeo ist mittlerweile 11 Monate alt und wir arbeiten mit ihm ca. 2 Mal pro Woche (Trailen), manchmal hat er aber auch die ganze Woche frei. Langsam stellen sich Verbesserungen im Alltag ein, er läuft phasenweise relativ normal an Halsband und Leine, ohne zurückzuschrecken. Er kann in gewohnter Umgebung beim Gassigehen auch frei laufen, ist aber in fremder Umgebung noch unsicher. Nach seinen „Trail-Tagen" ist er abends immer sehr anhänglich und sucht den menschlichen Kontakt.

1

2

3

4

5

Romeos TheraTrailing

Auf den folgenden Seiten werden zwei Trails in Romeos achtem Training vorgestellt. (Trail 1 auf Seite 154/155, Trail 2 auf Seite 156/157)
Die VP ist eine männliche Person (Romeo zeigt Unsicherheiten besonders in Bezug auf fremde Männer), die der Rüde noch nie zuvor gesehen hat.

6

7

8

9

10

1 *Romeo ist die ersten Meter auf dem Trail*
2 *Er bekommt Witterung der VP und kommt sofort hoch.*
3 *Ohren klappen nach unten, er sichert sich ab.*
4 *Die Hinterläufe gehen tief, die Rute wird eingezogen.*
5 *Obwohl er die VP noch nicht sieht, weicht er bereits aufgrund des Geruchspools zurück.*
6 *Romeo weicht wieder zurück.*
7 *Rovena und Alexandra gehen ebenfalls zur VP hin und lockern die Situation auf.*
8 *Romeo geht vorsichtig zur VP.*
9 *Rovena berührt die VP, deutet auf dessen Hand. Romeo geht zur Hand.*
10 *Alexandra streichelt seine Brust, er entspannt, wird wieder höher in der Körperhaltung.*

1

2

3

4

5

1 *Romeo geht zielstrebig zu dem Geruchsartikel am Boden.*
2 *Er trailt mit tiefer Nase los,*
3 *taucht in die Spur ein,*
4 *und ist konzentriert bei der Sache.*
5 *Man erkennt am Nachlassen der Körperspannung und dem ausweichenden Blick zur Seite, dass er sich nun im Poolbereich der VP befindet.*
6 *Oje, da sitzt er schon.*
7 *Romeo dreht bei.*
8 *Rovena geht zur VP,*
9 *und Romeo geht zügiger als bei Trail 1 zu der (ihm nun bekannten) VP.*
10 *Er weicht nicht zurück, bleibt konstant an der Hand der VP, die ihn füttert.*

6

7

8

9

10

Sabine Kaufmann mit Kia

Erfahrungsberichte von Hundehaltern

Angststörung

Kia ist eine drei Jahre alte Mischlingshündin aus Griechenland. Als sie zu uns kam, erkannten wir bald, wie ängstlich und unsicher sie war. Menschen und unbekannte Gegenstände wie z. B. herumstehende Mülltonnen oder Fahrräder waren ein Problem für sie. Vor allem aber Kinder und Kindergeschrei verknüpfte Kia negativ und verfiel dabei in Fluchtverhalten. Sie zog stark an der Leine und wollte nur noch weg, zurück zum Auto oder ins Haus. Blieb ich stehen, zitterte sie am ganzen Leib und zog die Rute unter dem Bauch ein. Sie war in diesem Zustand absolut nicht ansprechbar. Zu diesem Zeitpunkt war ein Auslasten durch Hundesportarten aufgrund des beschriebenen Verhaltens und der damit verbundenen hohen Unsicherheit auf dem Hundeplatz nicht möglich. Mit dem Ziel, das Vertrauen des Hundes an uns zu festigen, fuhren wir im März 2008 erstmals zu einem ManTrail-Training. Als Kia sich beim Start unter einem Auto verkroch und nur schwer zur Arbeit zu motivieren war, war ich sehr skeptisch und gab uns beiden als Team nicht viel Hoffnung. Doch bald änderte sich ihr Verhalten. Kia fing an, Nasenarbeit mit Spaß zu verknüpfen. Endlich hatte sie eine Aufgabe! Durch den ständigen Wechsel der Trainingsorte bzw. -umstände entwickelte sich langsam aber beständig ein deutlich spürbares Selbstvertrauen des Hundes. So ist mittlerweile auch der direkte Kontakt mit Kindern auf dem Trail für Kia kein Problem mehr. Entferntes Kindergeschrei dagegen verunsichert sie weiterhin, oft jedoch nicht mehr so stark wie früher. Sie klemmt ab und zu noch die Rute ein, kann aber weiter suchen/laufen. Auch die Beziehung des Hundes zu mir als Hundeführer hat sich in den letzten beiden Jahren verändert: Basierend auf der intensiven Teamarbeit ist gerade in Stresssituationen das gestiegene Vertrauen des Hundes in mich als Hundeführer spürbar (durchgängig höhere Aufmerksamkeit, die vom Hund angeboten wird). Zudem lässt der sich mittlerweile bei Kia stark ausgeprägte Wille, die Suchaufgabe zu lösen, eine Ablenkung durch diffuse Ängste und Unsicherheiten nicht mehr zu.

Aggression gegen Menschen und Tiere

Rocko war ein Jahr alt, als ich das erste Mal zum Trailen kam. Beim Spazierengehen ging er jeden Menschen ziemlich aggressiv an. Egal ob Radfahrer, Fußgänger oder Kinder. Es interessierte ihn nicht, dass ich am anderen Ende der Leine hing. An ein Freilaufen war gar nicht zu denken. Bei meinem Mann war alles kein Problem, aber wir beide hatten jedes Mal einen Machtkampf. Schon beim Losgehen dachte ich immer: „Was wird wohl heute wieder passieren?" War es Unsicherheit, Wichtigtuerei oder Unterforderung? Keine Ahnung. Hundeschule hier, gute Ratschläge dort, es brachte alles keinen Erfolg. Dieser Hund kostete uns einige Nerven. Wir überlegten schon, ob wir ihn abgeben sollten, aber wer nimmt schon einen nicht gesellschaftsfähigen Hund, wobei noch Futterunverträglichkeit und eine Operation hinzukamen. Als wir dann zum ersten Mal zum ManTrailing kamen und Rocko das so gut machte, als hätte er noch nie etwas anderes getan, war ich fasziniert. Wir trailten ab diesem Zeitpunkt jede Woche. Zur Sicherheit arbeiteten wir einige Zeit nur mit Maulkorb. Heute ist Rocko zwei Jahre alt, er ist ruhiger und selbstsicherer geworden. Wir können jetzt ganz locker, auch ohne Leine, spazieren gehen. Die Leute, die uns begegnen, stören ihn nicht mehr. Vom Maulkorb haben wir uns schon lange verabschiedet. Er lässt sich jetzt sogar von Fremden streicheln. Ohne das Trailen hätten wir diesen Hund nicht mehr. Und weil das Trailen eine so tolle Sache ist, sind wir immer noch dabei.

Rocko hat über das Trailen auch Freundschaft mit Kindern geschlossen. (Besitzer: Sabine Berchthold)

Claudia Haselsteiner mit Afra

Bindungsprobleme

Über Afra ein paar Zeilen zu schreiben, ist gar nicht so einfach. Wenn ich so überlege, könnte ich mit unserer Geschichte wohl auch ein ganzes Buch füllen. Aber kurz gesagt, hat die Sucharbeit meine Antikdogge Afra und mich wieder auf einen gemeinsamen Weg geführt, der mir total verloren gegangen war. Ich hatte zwar viel Hundeerfahrung, aber noch nie mit dieser Rasse zu tun und war einfach nicht vorbereitet. Ich konnte Afra in ihrem Verhalten nicht einschätzen. Sie konnte sich von einer Sekunde auf die andere von einem Engel in einen Teufel verwandeln, was mir zuweilen richtig Angst machte. In einer sogenannten normalen Hundeschule hat man mich im Umgang mit meiner Afra bzw. einer Antikdogge noch mehr verunsichert und ich war entschlossen, Afra an den Züchter zurückzugeben. Doch glücklicherweise bin ich auf ManTrailing gestoßen. Das war ein sehr bewegender Augenblick! Von da an hat sich das Verhältnis zu meiner Hündin von Mal zu Mal verbessert und vertieft. Ohne es groß zu bemerken, hat sich auch Afras Wesen verändert. Über das Trailen erreicht man, meiner Meinung nach, beim Hund eine andere Ebene, die bei der normalen Arbeit auf dem Hundeplatz nicht angesprochen wird. Trailen erzieht und beschäftigt den Hund auf eine sehr natürliche Art und Weise. Das wöchentliche Training ist zu einem festen Bestandteil geworden, der mir hilft, mit meiner heute fast zweijährigen Afra auf dem richtigen Weg zu bleiben und weiter an uns zu arbeiten, wie in jeder festen Beziehung.

Bernd Petersen mit Ronja

Tendenz zur Hyperaktivität

Durch ManTrailing sind Ronja und ich zusammengewachsen. Ich habe diese Form der Nasenarbeit kennen und schätzen gelernt, während unsere Labradorhündin die Sucharbeit liebt und dies trotz der gelegentlichen Behinderung durch mich. Hauptmotivatoren sind dabei der Sucherfolg und die unmittelbare Belohnung. Was kann für einen Hund schöner sein, als seinem Herrchen durch eigenes Können zu gefallen und belohnt zu werden? Was kann für ein Herrchen schöner sein, als nach erfolgreicher Sucharbeit einen zufriedenen und ausgeglichenen Hund zu erleben, der dies durch freudige Zuneigung und Anhänglichkeit belohnt? Das so entstandene gegenseitige Vertrauen wirkt nachhaltig in den Alltag hinein. Daraus entsteht eine Bindungsspirale.

Durch die Notwendigkeit, seinen Hund konzentriert während des Trailens zu beobachten und zu lesen, habe ich ein neues Bewusstsein für die Körpersprache entwickelt. Diese Erfahrung kann ich auch in anderen Lebensbereichen umsetzen. So habe ich festgestellt, dass ich Spielsituationen beim Tennis besser vorausahnen kann, da ich den Gegner intensiver beobachte. Dadurch habe ich mehr Zeit für das Stellungsspiel und mehr Schlagkontrolle. ManTrailing ist für uns eine echte Bereicherung unseres Lebens – auch durch das Zusammensein mit netten Menschen gleicher Interessen. Und Ronja ist unser absoluter Traumhund geworden – entspannt und ausgeglichen auch im Alltag.

Dem Geruch auf der Spur

Die chemischen Sinnesorgane

Die Aufgabe chemischer Sinnesorgane ist es, Duftstoffe oder andere an Moleküle und chemische Teilchen gebundene Informationen aufzunehmen und die betreffende Information an das Gehirn weiterzuleiten. Hierbei ergibt sich im Vergleich etwa zum Auge oder auch zum Gehör die Problematik, dass in einem ersten Schritt zunächst die in der Luft oder in anderen Lösungsmitteln vorhandenen Duftstoffteilchen in eine gelöste Form auf der Schleimhaut der Sinnesorgane überführt werden müssen. Nur Substanzen, die in dieser gelösten Form vorliegen, können dann an den Bindungsstellen, den sogenannten Rezeptoren oder auch direkt an der Membran der zugehörigen Sinneszellen und Sinnesorgane aufgenommen werden, und die betreffende Information wird dann in einen elektrischen Impuls verwandelt. Bereits von der Sinneszelle zum Gehirn wird die Information in Form von sogenannten Aktionspotenzialen, also elektrischen Erregungen, über die Nervenfasern weitergeleitet. Bereits von diesem Moment an ist auch die Kodierung in allen Sinnesorganen gleich. Erst die Tatsache, dass die Nerven aus jedem Sinnesorgan in einen anderen Teil des Gehirns ziehen und dort die Information ausgewertet wird, führt dann wieder zum Entstehen eines spezifischen Sinneseindrucks bzw. zur Erkennung einer bestimmten Sinnesqualität.

Es gibt verschiedene Formen von Sinneszellen, und die chemischen Sinnesorgane vertreten alle drei der dabei möglichen Typen:

Die sogenannten primären Sinneszellen sind solche, die selbst mit ableitenden Nervenfasern bis zur ersten Verarbeitungsstelle ziehen und dort ihre Erregung weitergeben. Sie sind also selbst in der Lage, ein Aktionspotenzial als elektrische Erregung zu empfangen und weiterzugeben.

Sogenannte sekundäre Sinneszellen sind solche, die keinen ableitenden Nerv haben und auch kein eigenes Aktionspotenzial erzeugen können. Sie benötigen einen ableitenden Nerv, der vom Gehirn oder der ersten Schaltstelle zu ihnen kommt und sich dort die Erregung abholt.

Sogenannte freie Nervenenden oder Sinnesnervenzellen sind ohne zusätzliche aufnehmende Hilfsstrukturen im Gewebe verteilt und können direkt Erregungen, häufig besonders starke oder intensive Reize in elektrische Impulse umwandeln und weiterleiten.

Der Bloodhound hat mit ca. 500 Millionen Riechzellen wohl die umfangreichste Riechapparatur aller Haushunde zur Verfügung.

Das Schlüssel-Schloss-Prinzip

Die meisten Reizweiterleitungen von einer Nervenzelle zur anderen oder einer Sinneszelle zur Nervenzelle geschehen auf chemischem Weg. Es werden also immer dann, wenn eine elektrische Erregung von einer Zelle zur anderen überspringen muss, kurzfristig chemische Zwischenschritte eingeleitet. Diese Verbindungsstellen nennt man Synapsen, hier werden für den betreffenden Nerv oder die betreffende Gehirnregion charakteristische Botenstoffe (Transmitter) in den Spalt der synaptischen Verbindung entlassen und wandern selbstständig durch Difusionsprozesse zum nachfolgenden nächsten Nervenstück. Dort werden sie wiederum durch spezielle Bindungsstellen, die Rezeptoren, erkannt. Die Bindungsstellen ändern durch die Erkennung dieser angedockten Transmitter, einem Schlüssel-Schloss-Prinzip entsprechend, ihre räumliche Struktur. Das wiederum führt zum Einströmen von Ionen und anderen geladenen Teilchen in den nachfolgenden Nerv, und schon entsteht ein Aktionspotenzial. Eigentlich ist das Ganze viel komplizierter, aber für unsere Zwecke reicht diese vereinfachte Darstellung.

Da bei der Arbeit des Hundes auf der Spur mehrere Sinnesorgane zusammenarbeiten und mehrere Sinneseindrücke gemeinsam im Gehirn verarbeitet werden, müssen wir im Folgenden die vier chemischen Sinnesorgane des Hundes genauer betrachten. Aus genannten Gründen werden wir sie nacheinander behandeln, auch wenn neue Erkenntnisse heutzutage zeigen, dass sie meist in Kooperation und gegenseitiger Abhängigkeit integrativ arbeiten und die entstehenden Sinneseindrücke oftmals von mehreren Sinnesorganen gemeinsam bewirkt und gefärbt werden.

Der Geschmackssinn

Er wird von den sogenannten Geschmacksknospen realisiert, die sich zumindest bei erwachsenen Tieren nur auf der Zunge befinden. In frühen Jugendstadien sind bei vielen Säugetieren Geschmacksknospen auch noch im Bereich des hinteren Gaumens und des Zungengrundes zu finden. Geschmacksknospen sind sekundäre Sinneszellen, es ist also ein ableitender Nerv für ihre Informationsweiterleitung nötig. Im Wesentlichen ist die Wahrnehmung von Geschmacksqualitäten bei Hunden ähnlich wie bei uns, es gibt auch hier fünf verschiedene, die man grob mit den Begriffen süß, sauer, bitter, salzig und umami (auch als Fleischgeschmack bezeichnet) umschreiben kann. Jedoch sind im Detail gewisse Unterschiede erkennbar. Der Wichtigste ist sicher der, dass Hunde eine sehr viel geringere Empfindlichkeit der Salzrezeptoren haben. Dies wird damit in Verbindung gebracht, dass sie als potenzielle Beutegreifer viel mehr Salz über Blut, Gewebe und Körperflüssigkeiten ihrer Beutetiere aufnehmen, als dies einem Pflanzenfresser oder Allesfresser normalerweise widerfährt. Eine spezielle Auswahl der Nahrung zur Deckung eines Salz- und Mineraldefizits ist daher für

Auch Hunde sind in der Lage, Geschmacksqualitäten wie süß, sauer, bitter, salzig oder umami zu unterscheiden.

diese Tiere in der freien Natur normalerweise nicht nötig. Geringere Unterschiede gibt es allerdings auch noch in anderen Bereichen. So sind die Rezeptoren für süß nicht nur durch Mono- und Disaccharide, also Zuckermoleküle, sondern auch durch süß schmeckende Aminosäuren, also Eiweißbestandteile, aktivierbar. Ein Säurerezeptor ist beim Hund auf andere Arten von Säuren bzw. sauer schmeckenden Stoffen empfindlich als bei Ratten und Menschen. Diese Säurerezeptoren nehmen nämlich auch sauer schmeckende Aminosäuren wahr. Und letztlich gibt es noch einen Geschmacksrezeptor, der eher fruchtig süß schmeckende Bestandteile wahrnehmen kann. Da der Geschmackssinn bei der Arbeit auf der Spur selbst am wenigsten aktiviert wird, könnten wir ihn eigentlich hier übergehen. Bemerkenswert ist jedoch eine Verknüpfung und Wechselwirkung mit dem zweiten chemischen Sinn der Hunde.

Fades Futter

Man kann davon ausgehen, dass Hunde, im Gegensatz zu Katzen, ihre Geschmacksumwelt doch sehr ähnlich wie wir wahrnehmen, nur eben mit geringerer Empfindlichkeit. Das Futter schmeckt sozusagen immer etwas fade.

Das System des dreiästigen Gesichtsnervs

Einige Äste des *N. trigeminus*, des dreiästigen Gesichtsnervs, haben unter anderem auch Empfindlichkeiten für Duftstoffe. Diese Endigungen befinden sich sowohl auf der Riechschleimhaut wie auch auf der Zunge, leiten jedoch ihre Erregungen nicht mit den Geschmacks- und Riechnerven in die entsprechenden Wahrnehmungszentren, sondern, wie alle Bereiche der sogenannten großen Hirnnerven, in weiter hinten gelegene, eher dem Hirnstamm zugehörige Teile des Gehirns. Dort können auch sehr schnelle und nahezu reflexartige Reaktionen erfolgen. Nach unserer vorher genannten Einteilung handelt es sich hierbei um Sinnesnerven bzw. freie Nervenendigungen. Hilfsstrukturen in Form von zusätzlichen Riech- oder Geschmacksknospen sind also nicht vorhanden. Die Empfindlichkeit dieser Nervenendigungen des dreiästigen Gesichtsnervs liegt zunächst schon bei geringen Konzentrationen von Gerüchen, die als stechend/beißend bzw. brennend/scharf empfunden werden. Charakteristische Substanzen für die Empfindung von stechend/beißend wären etwa Salzsäure, Ammoniak oder Chlor. Diese werden sowohl über die Nasenschleimhaut als auch über die Äste des *N. trigeminus* wahrgenommen. Leitsubstanzen für brennend/scharf, wie etwa Piperidin und Capsaicin, die in Paprika, Peperoni etc. auftreten, sind überwiegend im Bereich der Mundschleimhaut und über den dreiästigen Gesichtsnerv wahrnehmbar.

Schutzmechanismus
Die wirkliche Bedeutung des Systems des dreiästigen Gesichtsnervs basiert insbesondere auf der geradezu reflexartigen Meidung von gefährlichen Stoffen, wie etwa starken Säuren oder sehr stark schärfehaltigen Früchten und anderen Nahrungsstoffen. Dadurch ist ein gewisser Schutzmechanismus gegen Verätzungen durch ungewollte Aufnahme solcher gefährlichen Substanzen gegeben.

Aber auch bei schwächeren Duftreizen reagiert das System des dreiästigen Gesichtsnervs, dazu gehört z. B. Eukalyptus. Jedoch dauert es hier deutlich länger als bei den genannten stechenden und beißenden Gerüchen, und die Reaktion ist auch nicht adaptierbar. Eine Langzeitanpassung an diese Düfte findet also nicht statt. Eukalyptus, Menthol und auch Buttersäure lassen sich sowohl mit der Nase als auch mit den Fasern des dreiästigen Gesichtsnervs erkennen, Chloroform und Pyriten sowie die vorher genannten scharf schmeckenden Stoffe lassen sich sowohl mit den Trigeminusfasern auf der Zunge als auch mit den Geschmacksknospen erkennen. Daneben gibt es noch reine Riechstoffe, wie etwa Lavendel, Nelke und Benzol, die nur über die Riechschleimhaut wahrgenommen werden (siehe S. 176).

Dass jedoch auch andere Stoffe, wie etwa Buttersäure und Menthol mit zwei Riechsystemen gleichermaßen wahrgenommen werden, und dass zumindest ein Teil, nämlich die Fasern des *N. trigeminus*, in weiter hinten gelegene und mehr mit der Organfunktionssteuerung als mit der bewussten Wahrnehmung verknüpfte Hirnbereiche geleitet werden, kann im Einzelfall durchaus auch das Verhalten in solchen Situationen deutlich beeinflussen.

Das Jacobsonsche Organ

Direkt hinter den Schneidezähnen, im Bereich des Munddaches, befinden sich beim Hund zwei parallel liegende schlitzförmige Öffnungen, die jeweils von einem Wulst eingefasst werden. Dies sind die Öffnungen zu einem weiteren, sehr wichtigen chemischen Sinnesorgan, dem Jacobsonschen Organ oder Vomeronasalen Organ. Es handelt sich hier keineswegs um ein kleines Organ, bei einem Labrador beispielsweise ist der Gang mit seinen Hohlräumen immerhin über zweieinhalb Zentimeter lang. Dieses Organ stellt einen Blindsack dar, an dessen Ende sich Rezeptoren und Empfangszellen befinden. Bei Mäusen hat man schon mindestens 300 verschiedene Typen von Rezeptoren im Bereich des Jacobsonschen Organs nachgewiesen, die zu mehreren chemischen Familien gehören. Die meisten von ihnen reagieren jedoch auf schwerlösliche Substanzen, etwa Eiweiße, Hormone, Pheromone (= spezielle Duftstoffe) und andere, wohl mehr der Kommunikation dienende Substanzen. Bemerkenswert sind hier jedoch mehrere Aspekte:

Zum einen wurde durch neue Studien nachgewiesen, dass es unter anderem im Bereich des Jacobsonschen Organs auch Rezeptortypen gibt, die für bestimmte, im Zusammenhang mit Entzündungsprozessen ausgeschüttete Substanzen empfänglich sind. Eine eigene Gruppe von Rezeptoren für Substanzen namens Formyl-Peptide, die sonst nur im Immunsystem auftreten und dort mit der Steuerung von zellularen Entzündungsreaktionen zu tun haben, wurde neuerdings auch im Bereich des Jacobsonschen Organs nachgewiesen. Hier könnte die biologische Basis für das Erkennen von Krankheiten und anderen Problemen durch die Geruchswahrnehmung von Hunden liegen.

Das zweite Bemerkenswerte ist, dass die Nervenverbindungen aus dem Jacobsonschen Organ, der sogenannte zusätzliche Riechnerv oder akzessorische Riechnerv, eine direkte Verbindung ins Limbische System aufweisen. Dort, in den auch als Emotionsgehirn bezeichneten Strukturen, kommen also die Informationen aus dem Jacobsonschen Organ schnell und ohne große Umwege an. Beteiligte Strukturen sind dabei z. B. der Mandelkern (Amygdala), der Hippocampus, und wahrscheinlich auch verschiedene Regionen des Zwischenhirns (Thalamus und Hypothalamus). Im Bereich des Mandelkerns finden vielfältige emotionale Bewertungen statt, im Bereich des Hippocampus werden nicht nur Lernen, Lernmotivation, und Neugier gesteuert, sondern auch die räumliche Orientierung, und die genannten Bereiche des Zwischenhirns befassen sich unter anderem mit der Entstehung von Stressreaktionen.

Hunde besitzen im Bereich des Munddaches ein wichtiges Sinnesorgan: das Jacobsonsche Organ. Dieses Organ nimmt Duftstoffe zur weiteren chemischen Bewertung auf.

Auch das Organ selbst hat anatomisch einige Besonderheiten: Die Wülste, die hier zu sehen sind, sind Muskelansammlungen, und das Besondere an den blindsackartigen Gängen des Jacobsonschen Organs ist es, dass diese sich durch Muskeltätigkeit sowie durch stärkere bzw. schwächere Durchblutung von venösen Gefäßnetzen entweder erweitern oder verengen können. Wir haben es hier also mit einem sehr komplizierten Saug-/Druckpumpenmechanismus zu tun, der Duftstoffe in den Gang hineinsaugen, und damit der chemischen Bewertung durch die Sinneszellen zuführen, und sie hinterher auf dem umgekehrten Weg wieder hinausbefördern kann. Da auch beim Jacobsonschen Organ eine Lösung der in der Luft befindlichen Substanzen die Voraussetzung für die Weiterverarbeitung ist, produzieren Hunde bei besonderer Erregung einen auffallenden und etwas zähflüssigeren Schleim. Dieses Schäumen, das oft in Verbindung mit Oberlippekräuseln und Unterkieferklappern bei sexuell, stressmäßig oder anderweitig stark erregten Hunden zu beobachten ist, ist das sichtbare Anzeichen dafür, dass nun mit dem Jacobsonschen Organ gearbeitet wird. Untersuchungen an verschiedenen Säugetierarten zeigen, dass auch die Wahrnehmung des Geschlechts und des Fortpflanzungszustandes eines Gegenübers durch die Rezeptoren im Jacobsonschen Organ gefördert oder sogar maßgeblich beeinflusst wird, und dass eine Veränderung der Leistungsfähigkeit oder Blockade des Jacobsonschen Organs zu einem Verlust oder zumindest zu einer weitgehenden Änderung des geschlechtstypischen Verhaltens führt. Da die Regulation des Limbischen Systems auch über Körpertemperatur, Blutdruck, Wasserhaushalt, Nahrungs- und Wasseraufnahme, Tagesrhythmik etc., aber auch für Verhaltensbereiche wie Territorialität und Aggression zuständig ist, sind hier kurze und sicher effektive Verknüpfungen über die aufgenommenen Duftreize zur Verhaltensantwort deutlich zu erwarten.

Prüfung mit der Zunge

Neben der genannten Tätigkeit der Schleimdrüsen beim „Schaumschlagen" gibt es auch noch eine direkte Möglichkeit, chemische Substanzen aufzunehmen und in die Nähe des Jacobsonschen Organs zu bringen: Die Zunge kann z. B. bei der Prüfung von Urin/oder Kotmarken sowie bei der Untersuchung anderer, intensiver Geruchsaussender die Substanzen aufnehmen und mit der Zungenspitze direkt an die Öffnung des Jacobsonschen Organs heranführen. Die Verhaltensweise, bei der Luft deutlich hörbar in die Gänge des Jacobsonschen Organs hineingesaugt wird, nennt man bei vielen Tieren Flehmen. Hierbei wird mit gekräuselter Oberlippe und meistens schräg nach oben gehaltener Schnauze der Duftstrom aufgenommen und in das Jacobsonsche Organ geräuschvoll hineingesaugt.

Es ist zu vermuten, dass die Bewertung von Duftstoffen nach Faktoren wie Stress, Geschlecht, Gesundheit sowie momentaner Verfassung eines zu suchenden Menschen oder anderen Tieres durch die gleichzeitige Betätigung von Riechorgan und Jacobsonschem Organ erfolgt. Auch die Erfahrung, dass Hunde bei der Suche nach besonders gestressten Personen sich häufig anders verhalten, lässt sich möglicherweise durch die emotionale Bewertung der Duftspur über die Verbindung von Jacobsonschem Organ zu Amygdala und anderen Teilen des Limbischen Systems deutlich erklären.

Was sie wohl gerade schnuppert?

Bau und Funktion des Riechorgans

Am beeindruckendsten, und sicher auch am besten entwickelt, ist das eigentliche Riechorgan des Hundes, d.h. derjenige Teil, der über die Riechschleimhaut die Reize wahrnimmt und dann über den echten Riechnerv bis zum Riechhirn weiterleitet. Anatomisch gesehen besteht dieses Organ aus mehreren, wichtigen Bestandteilen:

- Zunächst der Nasenraum. Hier ist die Nasenschleimhaut aufgespannt, die eine wahrhaft beeindruckende Oberfläche bietet. Man geht davon aus, dass bei einem normal ausgestatteten Hund, etwa dem Deutschen Schäferhund, ca. 140 Quadratzentimeter Riechschleimhaut vorhanden sind. Im Vergleich dazu hat der Mensch nur knapp 5 Quadratzentimeter. Es ist gut vorstellbar, dass es Hilfsstrukturen bedarf, um diese beeindruckend große Fläche in der Schnauze eines Hundes unterzubringen. Diese Hilfsmittel sind die sogenannten Nasenmuscheln (Turbinalia oder *Conchae*). Es handelt sich dabei um äußerst fein und filigran aufgewundene und umeinander gewickelte dünnste Knochenplättchen, die nahezu schwammartig er-

Innenansicht von Kopf und Nasenraum eines Hundes.

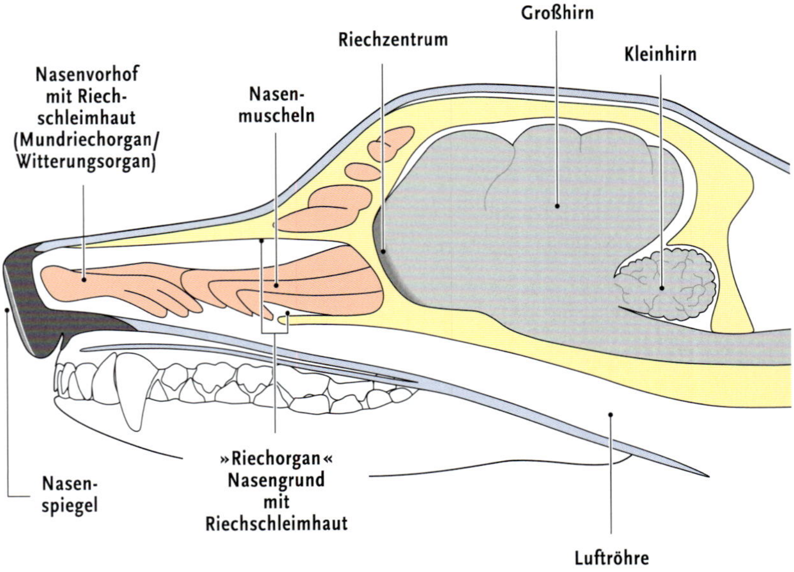

scheinen. Wenn man in einen gut präparierten Hundeschädel hineinschaut, sieht man diese dünnen, ineinandergerollten Plättchen durch die Nasenöffnung. Diese Nasenmuscheln sind Auswüchse verschiedener Schädelknochen, z. B. des Nasenbeins und des Siebbeins, und sie schaffen ein feines Labyrinth, indem nicht nur die Luft angewärmt und angefeuchtet wird, sondern auch die vielfältigen Riechrezeptoren Platz finden.

- Von der eigentlichen Riechschleimhaut (siehe S. 176) zieht der Riechnerv zum Gehirn. Es handelt sich dabei nicht um einen dick gepackten Kabelstrang, sondern um viele parallel verlaufende, dünnere Nerven-/Faserbündel, die auch unabhängig voneinander in den Schädel eintreten. Daher ist die zugehörige Region des Schädels als sogenannte Siebbeinplatte mit vielen kleinen Löchern durchbrochen, und durch diese kleinen Öffnungen zieht der Riechnerv ins Gehirn.
- Der erste Teil des Gehirns, der für die Verarbeitung der Geruchsinformation notwendig ist, ist der sogenannten Riechkolben (*Bulbus olfactorius*), der mehrere hintereinander geschaltete Zellschichten zur Verarbeitung der Riechinformation trägt (Bau und Funktion siehe S. 180). Bemerkenswert ist, dass sich vom Riechkolben viele verschiedene Nervenverbindungen zu einer ganzen Reihe von weiter hinten liegenden Hirnanteilen ziehen.
- Die Nervenverbindungen ziehen einerseits zum Zwischenhirn, genauer gesagt zu dessen Seitenregion, dem sogenannten Thalamus. Vom Zwischenhirn gehen weitere Verbindungen zur Neuhirnrinde, aber auch zum Mandelkern des Limbischen Systems, zum Hippocampus und zu Regionen des Hypothalamus (Boden des Zwischenhirns). Im letztgenannten Teil finden überwiegend die Steuerungen von Stoffwechselprozessen und unbewussten Organfunktionen statt. Der Thalamus hingegen ist als Schaltzentrale sozusagen das Vorzimmer zum Großhirn, wo auf- und absteigende Erregungen sortiert werden. Der Hippocampus ist unter anderem für räumliche Orientierung und räumliches Lernen, für Neugier, Aufmerksamkeit, Lernmotivation etc. verantwortlich. Der Mandelkern letztlich steuert das emotionale Geschehen bzw. fügt einem, auf anderen Wegen im Gehirn eintreffenden Reiz eine positive oder negative emotionale Bewertung hinzu.

Abläufe im Riechsystem

Die komplexen Verknüpfungen lassen verschiedene Erkenntnisse über die Abläufe im Riechsystem und bei der Bewertung von Duftinformationen eines Hundes bereits deutlich werden. Die Verknüpfung über den Hypothalamus und von dort in die nachgeschalteten Organfunktionssteuerungen sowie die Beteiligung des Mandelkerns zeigen, dass einerseits Riechinformationen mit emotionalen Bewertungen belegt werden können, andererseits aber auch anderweitige emotionale Belegungen, seien es positive wie Freude oder aufmerksame Erregung, seien es negative wie Angst, Wut oder Trauer, die Leistungen bzw. die Verarbeitungsmöglichkeiten des Riechsystems beeinträchtigen können. Besondere Bedeutung hat hierbei die Wirkung des Stresshormons Cortisol, das den Hippocampus schädigen kann und dadurch auch eine in die Verarbeitung von Riechinformationen eingeschaltete Region des Gehirns betrifft.

Die Leistungsfähigkeit des Riechorgans

Bereits die Aktivität an den beteiligten, Luft einsaugenden Muskelgruppen ist beeindruckend. So kann ein Hund bei intensiver Schnüffelarbeit bis zu 300-mal pro Minute Luft einsaugen und ausatmen, die Strömungsgeschwindigkeit im Nasengang steigt dann von ca. 6 auf bis zu 40 Kilometer pro Stunde und ebenso werden statt 6 Liter Luft pro Minute etwa 60 Liter Luft pro Minute eingesaugt und ausgeatmet. Eine weitere Besonderheit bei der Bedeutung der Nasenorientierung liegt in der Tatsache, dass die beiden ableitenden Nerven von der linken und rechten Seite der Nase, also vom linken und rechten Nasenloch bzw. dessen jeweiliger Riechschleimhaut, getrennt zum Gehirn ziehen. Dadurch ist es dem Hund möglich, Stereo zu riechen, d.h. Geruchsinformationen von der rechten und von der linken Seite getrennt auszuwerten. Das können wir Menschen nicht! Wenn wir feststellen wollen, aus welcher Richtung ein Duft kommt, müssen wir zum Beispiel durch Hin- und Herdrehen des Kopfes einen Duftgradienten schaffen und diesen anerkennen. Zusammen mit der Fähigkeit des Hundes, feinste Konzentrationsunterschiede auch von Bestandteilen eines Duftgemisches zu unterscheiden (siehe S. 185), ist hier eine phänomenale Fähigkeit zur räumlichen Ortung von Geruchsquellen zu erwarten.

Gegenseitige Orientierung durch Blickkontakt lässt Oxytocin ausschütten und ermöglicht feinste Kommunikation.

K-9
SUCHHUNDE

Die Funktion der Riechschleimhaut

Zentrum des Geschehens ist die Riechschleimhaut. Auf dieser befinden sich die Riechzellen, also jene Sinneszellen, an deren Oberfläche die Informationen aus den chemisch vorliegenden Duftstoffmolekülen in elektrische Erregungen umgewandelt werden. Zu diesem Zweck finden sich an der Zellmembran der Riechzellen die Bindungsstellen (Rezeptoren). Und auch hier ist wieder die Leistungsfähigkeit der Hundenase viel größer als das, was wir Menschen besitzen. Man geht davon aus, dass der Mensch 300-350 verschiedene Rezeptoren, also Erkennungsstellen für unterschiedliche Düfte, besitzt. Da die meisten natürlich vorkommenden Düfte ja nicht nur aus einer einzigen chemischen Reinsubstanz bestehen, kann durch Kombination der verschiedenen Rezeptoren und ihrer Aktivierung auch eine größere Zahl von Düften erkannt werden. Man geht davon aus, dass der normale Mensch (also nicht der Parfümeur, Sommelier oder ein ähnlicher Spezialist) ca. 1.000 Düfte unterscheiden kann. Der Hund dagegen besitzt mind. 1.200 verschiedene Rezeptorentypen. Allein das ermöglicht ihm eine höhere Fähigkeit zur Unterscheidung und Klassifikation von sehr viel mehr Duftstoffgemischen. Zusätzlich ist aber auch die Oberfläche der Riechzellen bei Menschen und Hunden unterschiedlich. Der Mensch hat maximal 5 bis 10 Millionen Riechsinneszellen, jede von diesen trägt zur weiteren Oberflächenvergrößerung eine unterschiedliche Zahl von Ausstülpungen, sogenannte Zilien, die Zahl der Zilien auf der menschlichen Riechzelle beträgt zwischen 5 und 20. Der Hund hat ca. 100 bis 150 solcher Zilien pro Riechzelle, und je nach Rasse kann die Zahl der Riechzellen viel höher sein als bei uns. Der Deutsche Schäferhund (mittlerer Schnüffler) hat angeblich 250 Millionen solcher Riechzellen, der Bloodhound bis zu 500. Selbst ein Dackel ist mit 125 bis 140 Millionen Riechzellen deutlich besser ausgestattet als der Mensch. Rechnet man die Zahl der Zilien hoch, so stellt man fest, dass nicht nur durch die Nasenmuscheln eine enorme Oberflächenvergrößerung der Riechschleimhaut, sondern durch die Zilien nochmals eine enorme Oberflächenvergrößerung der einzelnen Riechzellen hinzukommt. Auch das ist Teil des sehr feinfühligen Geruchserkennungs- und Wahrnehmungssystems. Der verbesserte Feinbau und die größere Oberfläche sorgen für niedrigere Riechschwellen, die höhere Zahl an Rezeptortypen dagegen für bessere Unterscheidungsfähigkeit.

Regeneration der Riechzellen

Die Riechzellen sind primäre Sinneszellen, also Sinneszellen mit eigenem ableitendem Nerv. Als Bestandteile des Nervensystems haben sie jedoch eine Besonderheit: Sie werden regelmäßig gewechselt. Man spricht hier von einer sogenannten Riechzellmauser, das bedeutet, dass ca. alle ein bis anderthalb Monate die Riechzellen, die derzeit aktiv sind, absterben und durch neu gebildete, frische und unverbrauchte Zellen ersetzt werden. Da diese Riechzellmauser nicht synchron, sondern zeitlich versetzt in unterschiedlichen Rhythmen abläuft, kann man davon ausgehen, dass spätestens alle 80 Tage die gesamte Riechschleimhaut eines Hundes (oder auch Menschen) vollständig neu besetzt ist. Auf diese Weise können auch durch ätzende oder andere scharfe Duftstoffe geschädigte Riechzellen wieder erneuert werden und die ursprüngliche Riechfähigkeit kehrt zurück. Diese Riechzellmauser ist jedoch nicht die einzige Möglichkeit, wie sich die Riechschleimhaut an intensive Duftkonzentrationen anpassen kann. Auch bei Riechzellen gibt es Anpassungsfähigkeiten, die sogenannte Adaption. Wird ein Duft gleichbleibender Konzentration lange Zeit wahrgenommen, steigt die Reizschwelle, das heißt, er wird weniger stark wahrgenommen (siehe S. 181). Doch nicht nur die Riechschleimhaut, auch das Riechhirn ist an diesen Anpassungsprozessen beteiligt.

Ein kurzes Einatmen am Geruchsartikel genügt, um den Individualgeruch der vermissten Person aufzunehmen. Lydia Borgers von Rettungshunde-Nord e.V. mit Han. Schweißhund-Bracke-Mix Adele.

Pendelbewegung

Gelegentlich sollte dem Hund beim Ausarbeiten einer längeren Spur die Möglichkeit eingeräumt werden, auch mal in Pendelbewegungen zu arbeiten, wenn er dies tut. Häufig ein Ausdruck von Unsicherheit, kann es aber auch eine von ihm angewandte Technik sein, um durch die Aufnahme eines „Kontrastgeruches" der Adaptation entgegenzuwirken. So kann die feinfühlige Empfindlichkeit der Nase für den eigentlich gesuchten Geruch beibehalten werden. Durch diese kurze Ablenkung wird die Riechschleimhaut wieder in ihre ursprünglich hohe Empfindlichkeit auf den eigentlichen Geruch zurückgeführt und der Hund kann dadurch die richtige Spur konzentriert weiter verfolgen.

Von der Duftinformation zum elektrischen Reiz

Die Abbildung der Riechschleimhaut zeigt, dass wir dort im Wesentlichen drei Typen von Zellen finden: Neben den eigentlichen Riechzellen und den für die Formgebung und den Schutz zuständigen Stützzellen finden wir noch die Schleimdrüsen.

Jedes Duftmolekül, das die Nase passiert, muss zunächst im Schleim gelöst werden. Erst dann kann es auf gelöster Basis zu den Rezeptoren diffundieren. Jeder Rezeptor (Bindungsstellenmolekül) ist durch ein Schlüssel-Schloss-Prinzip mit der Erkennung nur einer einzigen Duftsubstanz beauftragt. Jeder Typ von Rezeptormolekül ist durch ein eigenes Gen im Erbgut des Hundes festgelegt. Man spricht hier von einer Genfamilie, und in vielen Bereichen ähnelt das, was hier passiert, den Vorgängen im Immunsystem bei der Bildung von Antikörpern gegen Krankheitserreger. Das bedeutet, dass im Erbgut zwar die Information für die Bildung eines solchen duftstoffspezifischen Rezeptors gespeichert ist, diese Information aber nur dann abgerufen wird, wenn der entsprechende Duftstoff in der Geruchsumgebung des Hundes auch auftritt. Es handelt sich also gewissermaßen um ein Prinzip von Angebot und Nachfrage. Je mehr unterschiedliche Düfte ein Hund in seiner Jugend wahrnehmen durfte, desto mehr unterschiedliche Rezeptoren besitzt er. Wer in einer eintönigen, langweiligen Duftumgebung aufwächst, bildet nur wenige Rezeptoren für Standarddüfte und hat dementsprechend auch eine weniger feine Nase. Ist ein Rezeptor vorhanden und setzt sich ein Duftmolekül an den Rezeptor, so kommt es zu einer Reihe von chemischen Umlagerungsprozessen in den Eiweißen dieses Rezeptors und einiger benachbarter Proteine, und letzten Endes entstehen dabei im Inneren der Zelle sogenannte zweite Botenstoffe (Second Messenger). Dadurch ist ein

Schleimdrüsen

Der Schleim ist nötig, um die Lösung von in der Luft getragenen Duftstoffen in einer wassertransportablen Form zu ermöglichen, zudem hält er die Oberfläche der Riechschleimhaut geschmeidig und schützt vor Austrocknung.

Verstärkungsmechanismus gegeben. Jedes ansetzende Duftstoffmolekül kann mind. 1.500 bis 2.000 Moleküle dieses Second Messenger im Inneren der Zelle freisetzen bzw. bilden. Jeder dieser Second Messenger kann dann einen Ionenkanal öffnen, durch den geladene Teilchen ins Innere der Zelle strömen – das ist der Beginn der elektrischen Erregung, die wir als Aktionspotenzial auf dem Riechnerv weiterleiten. Der gefilterte Mechanismus mit dem zweiten Botenstoff, meist ist dies das sogenannte cAMP, gilt offenbar nicht für alle Arten von Duftstoffen. Speziell nachgewiesen ist er für Blüten und Fruchtdüfte. Sogenannte Aldehyde oder Amine, die zum Teil faulige Gerüche verbreiten, werden über einen direkten Mechanismus wahrgenommen, hier ist ein anderes Eiweiß beteiligt, das direkt die Kanäle öffnen kann, ohne einen zweiten Botenstoff zu aktivieren. Dadurch sind schnellere und intensivere Wahrnehmungen möglich.

1

2

1 Hunde lernen auch durch Beobachten eines älteren Artgenossen. Der Jungrüde „Wallace“ beobachtet den erfahreneren „Hitchcock“.
2 Auch die Beschaffenheit der Geruchsartikel sollte variieren (hier Lederhut).

Zuordnung und Bewertung von Duftreizen

Die Nervenfasern, die von den Riechzellen abgehen, treten in Bündel zusammen und werden zum Riechkolben im Gehirn geleitet. Im Riechkolben ist die erste verarbeitende Instanz die Schicht der sogenannten Mitralzellen. Jeweils ca. 1.000 Fasern von Riechzellen treffen sich auf dem Ausläufer einer Mitralzelle, und die Region, in der die Nervenfasern auf diesen Ausläufer treffen, ist auch im Mikroskop als kugelförmige runde Struktur erkennbar – Glomerulus genannt. Jeder Glomerulus ist sozusagen eine verarbeitende Einheit. Da auf ihm nur die Nervenfasern von benachbarten Riechzellen zusammentreffen, ist hier bereits erstmals eine räumliche Zuordnung von Duftreizen möglich. Zwischen den Mitralzellen gibt es durch die horizontal eingebauten

Unsere Zivilisation konfrontiert das Nasentier Hund mit einer unglaublichen Vielzahl von Gerüchen.

Zellen auch noch Quervernetzungen. Hier besteht entweder die Möglichkeit einer Aktivierung oder Hemmung, das heißt, über die quer verlaufenden Zellen können die nebeneinander liegenden Einheiten, repräsentiert jeweils durch eine Mitralzelle, ihre Nachbareinheit entweder durch eine Reizschwellenerhöhung hemmen oder durch eine Reizschwellenerniedrigung deren eigene Erregung steigern. So ist entweder eine Kontrastverschärfung oder eine Intensivierung des Dufterlebnisses oder Duftgeschehens möglich, je nach der gerade vorhandenen Stimmungs- und Reizlage. Von den Mitralzellen aus werden dann Bahnen zum weiter hinten im Gehirn liegenden ersten Verarbeitungszentrum geleitet. Gleichzeitig gibt es aber auch zurückkommende, sogenannte efferente Bahnen, die vom Gehirn in die Schicht der Mitralzellen und ihrer Verbindungszellen laufen. Auch diese efferenten Bahnen können entweder eine fördernde oder eine hemmende Wirkung haben. Durch diese vielfältigen Zusammenhänge sind die Anpassungsprozesse einer Erhöhung oder Erniedrigung der Riechschwelle, je nach Handlungsbereitschaft und je nach Qualität des aufgenommenen Duftes, möglich.

Die Bewertung von Düften

In vielen Fällen sind Studien über die Bewertung des Duftes, die sogenannte Psychophysik, das heißt die Empfindungen, die nach Reizung einer Duftzelle im Gehirn entstehen und bewertet werden, aufgrund von Untersuchungen am Menschen durchgeführt worden. Wir wissen also nicht ganz genau, ob die gleichen Verhältnisse bei Hunden oder anderen Tieren herrschen, jedoch sind in einigen Fällen Untersuchungen an Labortieren durchgeführt worden, die ähnliche Ergebnisse zeigen. Es kann also mit einer gewissen Vorsicht angenommen werden, dass die Bewertung von Düften und ihre Klassifikation in Duftstoffgruppen ein generelles Merkmal der Säugetiernase ist. Zur Untersuchung der Duftstoffklassifizierung hat man im Wesentlichen drei Methoden zur Verfügung:

- Bereits im Jahre 1952 wurde von einer Veröffentlichung von Amoore ein Schema von 7 typischen Geruchsklassen aufgestellt: blumig, ätherisch, moschusartig, kampferartig, schweißig, faulig, stechend. Die Tabelle der Primärgerüche zeigt, welche chemische Substanz jeweils als Leitsubstanz für diese Duftstoffklasse identifiziert ist.

K9-SUCHHUND
K9-SUCHHUND
K9-SUCHHUND

- Eine zweite Möglichkeit, Duftstoffe in Klassen einzuteilen, ist mit Hilfe des Verfahrens der sogenannten Kreuzadaptation möglich. Kreuzadaptation bedeutet, dass, wenn wir einen bestimmten Duftstoff längere Zeit in höherer Konzentration wahrnehmen, wir mit der Zeit für diesen Duftstoff immer weniger empfindlich werden. Gleichzeitig verliert unsere Nase auch die Empfindlichkeit für manche andere Duftstoffe, während eine andere Gruppe von Duftstoffen noch in genau der gleichen empfindlichen Weise wahrgenommen werden kann wie zuvor auch. So können wir z. B. sehr lange in einem Labor mit bestimmten, etwa ätherisch oder blumig riechenden Duftstoffen arbeiten und für diese Duftstoffe eine zunehmend geringere Empfindlichkeit bekommen. Trägt aber jemand eine Tasse Kaffee vorbei, sind wir sofort wieder hellwach. Durch diese Kreuzadaptationsversuche beim Menschen wurden insgesamt 10 verschiedene Duftklassen entdeckt, die sich nur teilweise mit den obengenannten 7 Duftklassen Amoores decken.
- Eine dritte Möglichkeit der Klassifikation beruht auf genetischen Defekten. Es gibt beim Menschen verschiedene Formen von sogenannter Geruchsblindheit, oder partielle Anosmie, was bedeutet, dass diese Menschen bestimmte Duftstoffe nicht wahrnehmen. Auch hier ist es möglich, Duftstoffklassen zu finden, die jeweils von der gleichen genetischen Erkrankung betroffen sind. Die dabei entstehenden, beim Menschen klassifizierten Gruppen sind Urin, Malz, Kampfer, Sperma, Moschus, Fisch und Schweiß. Auch hier sind manche Übereinstimmungen, aber auch Unterschiede zu dem System von Amoore gegeben.

Unbestreitbar ist jedoch, dass allein schon aus chemischen Gründen die Rezeptoren in Familien eingeteilt werden, und die dadurch bestimmten Duftstoffe in Kategorien auch mit unterschiedlicher Bedeutung für den Empfänger belegt werden.

Die Geruchsprägung

Die eben geschilderten zellulären Strukturen, insbesondere die Glomeruli und die Mitralzellen, sind offensichtlich auch das neurobiologische Substrat für den Vorgang der Geruchsprägung. Untersuchungen an Frettchen, im Zusammenhang mit deren Nahrungsprägung, haben den dabei stattfindenden Mechanismus beispielhaft erklärt. Wenn ein Frettchen in der Zeit der Entwöhnung nur mit einem bestimmten

Heaven, Hitchcock und Wallace machen Pause.

Futterduft konfrontiert wird, erfolgt eine intensive Duftprägung, und zeitlebens frisst dieses Tier bevorzugt alles das, was diesen Duftstoff trägt. Andere Futtermittel dagegen werden abgelehnt oder nur nach sehr langer Wahlzeit angenommen. Untersucht man den Riechkolben der Frettchen während und nach der Phase der Duftstoffprägung, stellt man fest, dass sich seine zelluläre Struktur während des Prägungsvorganges ständig ändert. Zwei Prozesse sind dabei für die Anpassung des Riechkolbens an die geänderte Duftumgebung verantwortlich.

Pruning

Dieser Vorgang bezeichnet eigentlich das Ausschneiden von Obstbaumästen im Winter, damit die verbleibenden überlebenden Äste im Frühjahr kräftiger werden und dann auch Früchte tragen können. Im Zusammenhang mit der Hirnentwicklung ist der Prozess ähnlich: Vor Beginn der Prägungsphase haben die Nervenenden der beteiligten verarbeitenden Zellen (im Bereich von Glomeruli, Mitralzellen und deren Verbindungen) viele, aber undifferenzierte Endstellen, die in alle Richtungen stehen, aber meist noch keinen definierten Kontakt zu einer Nachbarzelle haben. Während des Prunings werden etliche dieser, als Dornen (Spienes) bezeichneten Auswüchse gekappt und abgebaut. Die wenigen verbleibenden Auswüchse werden mit einer Synapse, also einer echten Kontaktstelle zu Nachbarzellen, versehen und ermöglichen dann die Weiterleitung von Reizen und Informationen an diese Nachbarzellen, meist durch Ausschüttung von Transmittern.

Erfahren bereits Junghunde viele verschiedene Duftreize, ist ihre Riechfähigkeit später erhöht.

Der programmierte Zelltod

Ein anderer Vorgang ist der programmierte Zelltod oder Apoptose. Zellen, die während der Prägungsphase nicht aktiviert werden, werden abgebaut und auch nicht durch andere ersetzt. Der Prägungsvorgang ist also keineswegs durch eine Zunahme an Hirnsubstanz erkennbar, sondern im Gegenteil durch eine Abnahme. Je mehr verschiedene Duftstoffe das Tier in der Prägungsphase erlebt, desto breiter wird später sein Nahrungsspektrum und desto weniger nicht benötigte Zellen werden offensichtlich auch durch den Zelltod abgebaut. Eine ebenfalls nicht zu vernachlässigende Wirkung im Kurzzeitbereich ist auch durch Ernährung und andere Umwelteinflüsse bei Hunden nachgewiesen. So ist z.B. nach Aufnahme von Fettsäuren durch Hunde zunächst eine Verschlechterung ihres Geruchssinns nachweisbar, im Verlauf von 4 bis 5 Tagen wird die Riechleistung jedoch bis auf das Dreifache gesteigert. Das erklärt, weshalb Hunde nach der Aufnahme bestimmter Nahrungsmittel unterschiedlich auf der Spur arbeiten können.

Unterscheidung von Duftgemischen

Eine weitere Besonderheit ist, dass Hunde auch Duftgemische sehr gut unterscheiden können. Wird ein Gemisch aus mehreren Duftstoffen mit einem anderen verglichen, dann genügt es, wenn eines der Bestandteile dieses Gemischs in seiner Konzentration verändert wird oder wegfällt. Die Unterschiede in der Gesamtidentität betragen zum Teil nur ein Tausendstel der Gesamtkonzentration, bereits diese Unterscheidung ist für den Hund noch problemlos möglich, und das auch bei Kombinationen von bis zu fünf oder wahrscheinlich noch mehr verschiedenen Reinsubstanzen. Das bedeutet: Sind Substanzgemisch A und B identisch bis auf die Tatsache, dass in einem der beiden Gemische einer der Duftstoffe sich in seiner Konzentration um einige Tausendstel von der anderen Mischung unterscheidet, kann der Hund dies bereits wahrnehmen.

Am Schwierigsten ist es oft für uns, solche Fähigkeiten zu untersuchen. Man muss beispielsweise einem Hund beibringen, dass er nur bei der Schale mit dem schwächeren Geruch eine Belohnung bekommt, und ihm dann Düfte mit immer geringerem Konzentrationsunterschied zur Wahl vorlegen.

Der menschliche Individualgeruch

Der Individualgeruch eines Menschen, über den ein Hund z. B. eine Spur verfolgt, setzt sich aus mehreren Quellen zusammen und ist dementsprechend auch nicht immer identisch. Eine Reihe von Duftquellen stammen aus dem Körper des gesuchten Menschen oder Tieres selbst. Dies sind überwiegend:

- die Eiweiße des Immunsystems, insbesondere des sogenannten MH-Komplexes (MHC = Major Histocompatibility Complex), der für die Erkennung und Abwehr von Infektionskrankheiten, Parasiten und anderer „Störenfriede" verantwortlich ist. Auf diesem MH-Komplex beruht z. B. auch die Verwandtschaftserkennung. Des Weiteren

Jeder Mensch besitzt einen Individualgeruch, über den der Hund die vermisste Person finden kann. Heaven zeigt die VP durch Hinlegen an.

sind Hormone, insbesondere kleinmolekulare und fettlösliche Hormone wie etwa Sexualhormone oder das Stresshormon Cortisol, in den Ausdünstungen eines Organismus erkennbar. Auch Entzündungsfaktoren und andere, im Zusammenhang mit Krankheiten und ähnlichen gesundheitlichen Problemen ausgeschiedene Substanzen tragen zum Duftprofil bei.

- die Abbauprodukte des Stoffwechsels der körpereigenen Bakterienbesiedlung, insbesondere im Bereich der sogenannten großen Schweißdrüsen. Gerade Produkte wie Buttersäure und andere charakteristische Abbauprodukte von Nährstoffen werden von den körpereigenen, Duft produzierenden Bakterien in die Luft abgegeben. Diese Produkte sind, da jeder Mensch eine individuell leicht geänderte Zusammensetzung der Bakterienbesiedlung auf der Haut hat, auch unterschiedlich. Jedoch sind sie nicht konstant, da sie z. B. auch von der Ernährung und von anderen Lebensgewohnheiten beeinflusst werden können.
- Substanzen aus der Ernährung, z. B. ätherische Öle, Abbauprodukte von Eiweißen, aber auch andere Inhaltsstoffe von Nahrungspflanzen und Futtermitteln, Gewürze, alles was wir teilweise auch über die Schweißdrüsen oder über die unbemerkten Ausdünstungen der Körperoberfläche wieder abgeben.
- Substanzen, die der Mensch im Rahmen seines Alltagslebens mit seinem Körper in Berührung bringt. Dazu gehören Seifen und Rasierwasser, Waschpulver für die Kleidung und Bettwäsche, Schuhcreme und andere Pflegemittel für Leder oder andere Kleidungsstücke, Zigarettenrauch, und vieles andere mehr.

Geruchsindividualität

Ein Großteil der Individualität im Hinblick auf den menschlichen Geruch geht auf die Eiweiße zurück, von denen es viele gibt. Hinzu kommen die anderen bekannten Bestandteile (bakterielle, hormonelle, chemische Abbauprodukte, Drüsensekrete). Das ergibt eine mathematische Vielfältigkeit an Kombinationsmöglichkeiten, die sich dem Unendlichen nähert (Syrotuck; Hund, Geruch und Fährte).

Flüchtigkeit von Substanzen

Die Flüchtigkeit einer Substanz hängt meist mit der Dauerhaftigkeit der dabei weitergegebenen Information zusammen. Drüsen, deren Substanzen sehr schwer flüchtig sind, also auch lange an einer Unterlage haften, sind wahrscheinlich für die Mitteilung von langzeitgültigen Informationen, etwa über Sozialstatus oder Revierbesitz verantwortlich. Drüsen, deren Substanzen schneller flüchtig sind und schneller verdunsten, kommunizieren vermutlich kurzfristige Befindlichkeiten wie etwa Stress, Sexualzyklus, Gesundheit etc. Jedoch sind dies nur Faustregeln, die nicht immer zutreffen müssen.

Äußere Einflussfaktoren wie Wetter und Umgebung

Verschiedene Wetterlagen und die Beschaffenheit des Geländes wirken sich auf die Sucharbeit der Hunde aus und sollten beim Legen der Trails, aber auch im Nachgang, bei der Beurteilung der Leistung des Hundes berücksichtigt werden.

Windstille Es herrscht keine Luftbewegung, die Duftwolke steht.

Wind allgemein Arbeitet der Hund mit dem Wind, kann es sein, dass er mehr pendelt als sonst. Arbeitet er gegen den Wind, wird er eher geradlinig suchen, dafür die Nase höher nehmen.

Talwind Der Geruch steigt tagsüber aus dem Tal auf, denn oben auf dem Berg erwärmt sich die Luft stärker. Und da warme Luft aufsteigt, zieht die kühlere Luftschicht aus dem Tal nach oben.

Bergwind Am Abend kühlt die Luft auf dem Berg ab, die abgekühlte Luft sinkt in das Tal ab. Hier bildet sich eine Geruchsglocke der VP. Sucht der Hund aus dem Tal nach oben, drückt ihm der Geruch mit dem abfallenden Wind entgegen, was die Arbeit etwas erschwert.

Sowohl die Umgebung als auch das Wetter wirken sich auf die Sucharbeit aus.

Seewind Bei auf- sowie ablandigem Wind treten extreme Luftverwirbelungen auf. Der Hund wird mit höherer Nase suchen. Geruchsunterbrechungen sorgen für erschwerte Bedingungen.

Nebel Es findet keine Windbewegung statt und somit keine Verteilung des Geruchs. Viele Tiere haben im Nebel Orientierungsprobleme. Dies kann auch die Sucharbeit des Hundes erschweren, was nicht ausschließlich an der mangelnden Geruchsverteilung liegt, denn die Feuchtigkeit lässt Bakterien gut „verstoffwechseln“. Es gibt auch Hunde, die aufgrund der guten Geruchslage keine Schwierigkeiten mit dieser Wetterlage haben.

Tiefdruck Im Tiefdruckgebiet kann eine Spur schneller altern. Im Sommer kann durch ein Tief möglicherweise ein Temperaturabfall entstehen, was bedeutet, dass die Bakterien nicht so schnell „verstoffwechseln" und damit wiederum nicht so schnell altern. Im Winter dagegen kann die Temperatur ansteigen, was das Gegenteil zur Folge hat. Es kommt also immer auf die jeweilige Wetterlage und den Luftdruck an, um eine Prognose zur Beschaffenheit der Spur abgeben zu können.

Hochdruck Bei Hochdruck sollte eine Spur länger frisch bleiben. Im Sommer gibt es Hitzeperioden, die wiederum ein schnelleres Altern und ein Absterben der Bakterien aufgrund der hohen Temperaturen zur Folge haben.

Ozon ist ein Desinfektionsmittel. Hohe Ozonwerte verringern eine Zersetzung der Bakterien und erschweren die Arbeit der Hunde deutlich.

Regen schadet der Spur nicht unbedingt, da Feuchtigkeit der Bakterienaktivität zugute kommt. Nur starker Regen, z. B. bei Gewittern, kann die Spur bergab tragen. Lang anhaltender Regen führt zur Übersättigung des Bodens und kann das Geruchsbild im Boden auswaschen (Syrotuck). Windböen können zusätzlich für Unterbrechungen sorgen. Leichter Nieselregen hingegen ist für eine Verstoffwechslung der Bakterien positiv.

Schnee Leichter Schneefall auf der Spur ist kein Hindernis. Bei einer leichten Schneedecke ist der am Boden liegende Schnee stets wärmer als die oberen Schneeschichten. Dadurch steigt der menschliche Geruch nach oben in die kälteren Schichten und wird so für den Hund wahrnehmbar. Der an die Oberfläche steigende Geruch kann aber sehr schwach sein. Bei gefrorener Schneedecke kann es passieren, dass der Harsch derart dicht ist, dass der Geruch nicht bis nach oben steigen kann. Nach Tauwetter kann eine alte Spur wieder gut riechbar werden, da gefrorene Bakterien mit der Temperaturerwärmung erneut aktiv werden.

Durch die Luftverwirbelungen am Seeufer, sucht der Hund mit höherer Nase.

Mulden, Senken, Hügel Hier bilden sich Geruchsansammlungen, die wie ein Pool wirken können.

An Bachläufen wird die Witterung stromabwärts getrieben, was Auswirkung auf das Suchverhalten der Hunde hat.

Gräben, Rinnen, Schluchten In ihnen verteilt sich der Geruch und wird weitergetragen.

Treppen, Gänge, Häuserschluchten, Tunnel Sie können wie ein Kamin wirken und den Geruch mitziehen. Oftmals laufen Hunde bis ans Ende und drehen dann erst um (wenn die Spur dort nicht weiterführt) oder deuten den Durchgang an, gehen aber nicht tiefer hinein (obwohl die Spur hindurchführt).

Bachläufe, Flüsse Das Wasser zieht Geruch an und nimmt die Witterung stromabwärts mit, da durch die Reibung zwischen dem fließenden Wasser und der Luft Wirbelströme entstehen. Vor allem am Rand des Ufers, entlang der Böschung, bleibt Geruch hängen. Hat die gesuchte Person einen breiteren Bach überquert, wird der Hund wahrscheinlich ein Stück weiter flussabwärts laufen. Bei einem schmalen Bach (unter 2 Metern) ist es in der Regel für den Hund kein Problem, die genaue Überquerungsstelle anzuzeigen.

Brücke Auf dem Scheitelpunkt einer Brücke kann eventuell kein Geruch vorhanden sein. Er fällt ab, unter die Brücke. Befindet sich unter der Brücke ein Fluss, kann dieser den Geruch flussabwärts tragen.

Duftstoffe Auch die gasförmigen Teilchen besitzen eine Eigengeschwindigkeit (Brown´sche Molekularbewegung), da sie sonst nicht von der Körperoberfläche freigesetzt würden. Durch die Entdeckung der Körperluftströme kann leicht erklärt werden, warum sich die Hautschuppen bewegen und Duftstoffe zusätzlich beschleunigt werden (Syrotuck). Das spielt auch bei der Ausbreitung des Geruchspools der VP am Ende des Trails eine Rolle. Hunde sind zwar ausgesprochen empfindlich für den Geruch von Fettsäuren (Beuteschweiß), reagieren aber unempfindlicher auf Fruchtdüfte. Viele Hunde können den Duft von verschiedenen Früchten schlecht wahrnehmen.

Temperatur Pro zehn Grad Temperaturerhöhung verdoppelt sich die Geschwindigkeit der Stoffwechselreaktionen. Ab 45 Grad sind normale Bakterien, die den Geruch bilden, nicht mehr lebensfähig. Schon ab 30 bis 35 Grad beginnt das Absterben diverser Bakterien. Bakterien, die durch Hitzeeinwirkung abgetötet wurden, können sich nicht regenerieren. Dagegen können gefrorene Bakterien mit zunehmender Temperatur wieder auftauen und aktiv werden. Der Zersetzungsprozess setzt sich erneut fort, sodass der Hund die Spur wieder verfolgen kann. Außerdem wird die Sucharbeit des Hundes durch eine hohe Temperaturdifferenz zwischen Mensch und Umgebung erleichtert. Ein warmer Körper in kalter Umgebung sondert mehr Geruch ab, als ein kalter Körper in kalter Umgebung. Deshalb ist es im Sommer meist besser, abends oder nachts zu suchen. Bei warmer Luft steigt die Duftwolke auf, bei kalter sinkt sie ab. Der bakterielle Stoffwechsel unterliegt stark den Umgebungseinflüssen (abhängig von pH-Wert, Temperatur, Sauerstoffgehalt, Feuchtigkeitsgehalt).

Luftströmung Unmittelbar über der Hautoberfläche konnte eine Luftbewegung nachgewiesen werden, die ein rasches Schuppentransportmedium darstellt, dessen Geschwindigkeit auf 38 Meter pro Minute (2,3 km/h) geschätzt wird. Die Strömung beginnt an den Füßen, wandert an den Beinen hoch und steigt schließlich oberhalb des Kopfes in die Luft auf. Die Geschwindigkeit wird mit dem Absinken der Außentemperatur größer. Normale Kleidung (Baumwolle …) verändert den Luftstrom nicht wesentlich (Syrotuck).

Auch Brücken und Stege können die Geruchsausbreitung beeinflussen.

JULIUS-K9

Service

Die Autoren

Alexandra Grunow

Die gelernte Journalistin ist Gründerin und Inhaberin des K-9 Suchhundezentrums mit mehreren Stützpunkten in Deutschland, Österreich und der Schweiz. Seit 1998 ist sie in der Rettungshundearbeit als Ausbilderin aktiv. Ihre Hunde (Langhaar Weimaraner, Jagdterrier, Bloodhounds) sind in der höchsten Stufe im Mantrailing offiziell geprüft. In acht Jahren absolvierte die Landsbergerin über 300 Mantrailing-Einsätze für die Polizeipräsidien München und Oberbayern mit zahlreichen erfolgreichen Ergebnissen. Ihr Rettungshund Arthos (Beauceron) wurde 2003 zum Welttrettungshund in den USA gekürt. Bei der Rettungshunde-Weltmeisterschaft in Dänemark erreichte sie ebenfalls 2003 mit Husky-Retriever-Mix Pancho den 7. Platz.

Rovena Langkau

Die gelernte Grafikerin ist Mit-Begründerin des K-9 Suchhundezentrums und verantwortlich für die Entwicklung und Konzeption von Lehr- und Prüfungsinhalten bei K-9. Zudem gründete sie 2009 den Verein zur Förderung des Rettungshundewesens in der Menschen- und Tiersuche „red dogs e.V."
Sie ist ebenfalls als Ausbilderin aktiv und führt seit einigen Jahren in der höchsten Stufe geprüfte Jagdhunde erfolgreich im Einsatz. Neben der Rettungshundearbeit hat sie sich auf die Entwicklung von Ausbildungskonzepten zur Korrektur ängstlicher Jagdhunde und Secondhand-Vierbeiner aus dem Tierschutz spezialisiert.

PD Dr. Udo Gansloßer

Udo Gansloßer ist Privatdozent für Zoologie am Zoologischen Institut und Museum der Universität Greifswald und seit dem Sommersemester 2007 auch Lehrbeauftragter am Phylogenetischen Museum und Institut für Spezielle Zoologie der Universität Jena. Zudem ist er Mitglied einiger Gremien der Europäischen Zoo Assoziation EAZA und führt regelmäßig Kurse in Verhaltensbiologie und Tiergartenbiologie durch. Derzeit übt er neben diversen Unterrichts- und Seminartätigkeiten, Beratungen für Zoos und Tierparks aus und ist Autor und Übersetzer von zoologischen Schriften. Seit mehreren Jahren betreut er zunehmend mehr Forschungsprojekte über Hunde, seien es Haus- oder Wildhundeartige. Dabei geht es vor allem um Fragen von Sozialbeziehungen und sozialen Mechanismen.

Nützliche Adressen

K9-Suchhundezentrum
Alexandra Grunow und Rovena Langkau
Weilheimer Str. 5
D-86932 Pürgen
Tel.: 0172 86 407 06
info@suchhundezentrum.de
www.suchhundezentrum.de

red dogs e.V.
Verein zur Förderung des Rettungshundewesens
Menschen- und Tiersuche
Tel. 0172 – 866 33 99
info@red-dogs.de www.red-dogs.de

Dank

Wir danken allen, die uns bei diesem Buch unterstützt und bei den Fototerminen mitgewirkt haben, ganz besonders Günther Bloch, PD Dr. Udo Gansloßer, Dr. Iris Mackensen, Dr. Andrea Thieß-Blanke, Rainer Dittrich, Kitty Simione, Daniela Schlesies, Georg Müller und Andreas Jähnert von Interquell sowie Julius Sebö und Aniko Bakós von Julius-K9.

Das Buch ist Eva Kisperth und ihrer Aussie-Hündin „Snowy" gewidmet, die beide ein paar Tage nach dem Fotoshooting bei einem schweren Autounfall ums Leben kamen.

Literatur (Quellenangaben)

Bidner, Jen: DogHeroes. Saving lives and protecting America. Lyons Press

Bloch, Günther und Elli H. Radinger: Wölfisch für Hundehalter. Von Alpha, Dominanz und anderen populären Irrtümern. Kosmos

Bradshaw, J. W. S.: The evolutionary basis the feeding behavior of domestic dogs and cats. Journal of Nutrition 136, 19275 – 19315, 2006

Feddersen-Petersen, Dr. Urd Dorit: Hundepsychologie. Kosmos

Feddersen-Petersen, Dr. Urd Dorit: Ausdrucksverhalten beim Hund. Kosmos

Gansloßer, PD Dr. Udo (Hrsg.): Mit Hunden leben. Expertenwissen für Hundehalter Bd. 1. Filander Verlag

Gansloßer, PD Dr. Udo: Säugetierverhalten. Filander Fürth 1997

Gansloßer, PD Dr. Udo: Verhaltensbiologie für Hundehalter. Kosmos

Handelman, Barbara: Hundeverhalten. Mimik, Körpersprache und Verständigung. Mit über 800 ausdrucksstarken Fotos. Kosmos

Hatt, Hanns und Regine Dee: Niemand riecht so gut wie du. Die geheimen Botschaften der Düfte. Piper Verlag

Hatt, Hanns: Chemosensibilität Gend und Geschmach. S. 295 – 314 in: J. Dudel R. Mensch, R.F. Schmidt: Neurowissenschaft Springer Verlag, Berlin-HD-etc. 2001

Käufer, Mechthild: Spielverhalten bei Hunden. Spielformen und -typen, Kommunikation und Körpersprache. Kosmos

Miklósi, Dr. Ádám: Hunde. Evolution, Kognition und Verhalten. Kosmos

Nichols, Jerry F. und Milicia K. Wilson: Common Scents, Bloodhounds in Law Enforcement. LEBA

O`Heare, James: Die Neuropsychologie des Hundes. Animal Learn Verlag

Pageat, P.: La communication chimique dans lùnivers des carnivore domestiques. Le Point Veterinaire 28 (181) 1055 – 1063

Piturru, Dr. Pasquale und Eiko Weigand: Lassie, Rex & Co. klären auf. Wege zur erfolgreichen Hundeerziehung und Verhaltenstherapie. Kynos Verlag

Rauth-Widmann, Dr. Brigitte: Die Sinne des Hundes. Cadmos Verlag

Spektrum der Wissenschaft Spezial 1/2002 Gedächtnis

Syrotuck, William G.: Scent & the scenting dog. Arner Publications; Wie die Hunde ihre Umwelt wahrnehmen

KOSMOS.

Wissen aus erster Hand.

Mensch-Hund-Verhältnis

Irrtümer sind in der Hundeerziehung weit verbreitet und werden mit dem natürlichen Verhalten der wölfischen Vorfahren begründet. Doch verhalten sich Wölfe wirklich so? Elli Radinger und Günter Bloch zeigen, was wir von ihnen und ihrem Familienleben für unseren Umgang mit Hunden lernen und praktisch nutzbar machen können.

Bloch • Radinger | Wölfisch für Hundehalter

192 S., 173 Fotos, €/D 19,95

ISBN 978-3-440-12264-8

Körpersprache richtig deuten

"Ein Bild sagt mehr als tausend Worte!" Barbara Handelman zeigt, wie viel Wahres in dieser Aussage steckt. In ungewöhnlichen und ausdrucksstarken Fotos beschreibt sie die Mimik, Körpersprache und das Verhalten von Hunden und Wölfen in einer vorher nie dagewesenen Vielfalt. Wer seinen Hund wirklich verstehen möchte, sollte diese einzigartige Foto-Enzyklopädie zur Hand nehmen.

Barbara Handelman | Hundeverhalten

348 S., 800 Abb., €/D 49,90

ISBN 978-3-440-12069-9

kosmos.de/hunde

Register

Bildnachweis

Farbfotos von Rainer Dittrich/Kosmos (76: S. 1, 2, 3, 13, 14, 15, 16, 18, 20, 23, 26 u., 29, 31, 34, 35, 37 u., 39, 42, 43, 44, 45, 46, 47, 49, 51, 52, 53, 61, 63, 69, 85, 96, 105, 106, 107, 112, 119, 134, 135, 141, 147, 151, 158, 160, 161, 162, 165, 177, 180, 188, 189, 190, 191, 192, 194), Thomas Blank (32: S. 4, 5, 10, 26 o. und m., 37 o., 56, 58, 71, 94, 99, 103, 104, 120, 121, 123, 128, 139, 148, 166, 171, 175, 179, 182, 184, 186, 198), K-9 Suchhundezentrum (54: S. 9, 36, 48, 54, 55, 65, 67, 72, 73, 74, 75, 76, 77, 97, 101, 108, 109, 111, 114, 137, 138, 142, 144 , 152, 154, 155, 156, 157, 159, 169), Silke van Hoorn (2: S. 132), Eurinos e.V. (3: 130, 131, 197), Verena Scholze/Kosmos (1: S. 7), PD Dr. Udo Gansloßer (1: 194).
Mit 46 Farbillustrationen von Rovena Langkau und einer Illustration von Wolfgang Lang (S.172).

Impressum

Umschlaggestaltung von eStudio Calamar unter Verwendung von zwei Farbfotos von Rainer Dittrich.

Mit 169 Farbfotos und 47 Farbillustrationen.

Gedruckt auf chlorfrei gebleichtem Papier

ISBN 978-3-440-12760-5
Redaktion: Hilke Heinemann
Gestaltungskonzept: eStudio Calamar
Gestaltung und Satz: akusatz, Stuttgart
Produktion: Eva Schmidt
Printed in Germany/Imprimé en Allemagne

FSC
www.fsc.org
MIX
Papier aus verantwortungsvollen Quellen
FSC® C004592